快樂狗兒生活訓練學

暢銷新版

Help dogs live joyfully with human beings

Foreword 推薦序｜生活技能無法拿來表演，但人犬能一起活得舒心順利

Ming 老師曾經是我的學生，後來她成為我的 *KPA 學妹，接著我們一起進修，認證為伴侶動物 TTouch 療癒師，也修習 *IDTE 國際訓犬師課程。一路走來，我們雖然背景迥異，為了提昇學習及尋求更佳的人犬相處方式，我們不約而同選擇相同的進修路徑，成為亦師亦友的同儕，因此看到本書出版，猶如出版我自己的書一般開心。

多年前，我曾聽過恩師吐蕊・魯格斯（Turid Rugaas）在國外演講上的一段話，印象深刻，確切話語我不復記憶，大意如此：「我們應該教導狗狗生活技能，把戲好玩是沒錯，但沒法拿來過活，好比網球選手精通揮拍技巧，然揮拍技巧於日常生活毫無用處；我們該教狗狗的是如何生活。」我當時聽了，心有戚戚焉。我和多數訓練師一樣，起初學習訓練先從技巧開始，猶記得近十多年前台灣還沒有很多關於狗狗行為及訓練的新資訊，網路社交媒體尚未盛行，為了多方學習，我經常到國外狗狗論壇上爬文，蒐集很多前輩訓練師和飼主提供的各式技巧，印出一大疊林林總總的資料，再分門別類成「定點大小便」，「分離焦慮」、「吠叫」、「把戲」等等。

訓練師工作必須面對各式各樣的狗狗及問題，在工具箱中儲備不同技巧有其必要，不過多年下來我發覺，無論書籍或網路資訊裡，由於訓練有強大威力，有些人變得走火入魔，不斷訓練狗狗做一些違背

天性以及完全無關生活的行為，美其名是人犬同樂或解決問題，實則滿足人們成就感或好勝心居多，還有就是，人們不自覺自己是在教狗狗「揮拍技巧」。

試問自己，為了生活在人類社會裡，狗狗到底需要學什麼？有多少事是你「想要」，但牠「不需要」，而且也「沒必要」？另一方面，若想讓狗狗順利適應家居生活及人類社會，身為飼主的你需要學什麼？學習什麼才能夠理解狗狗的正常行為及需要，對牠訂定公平合宜的要求規範，還能與牠雙向溝通無礙？畢竟人犬要能夠愉快共處，兩方必須雙贏才能夠維持平衡關係。

Ming 老師在書中提供了一些答案：

- 認識狗狗的行為及需求，例如肢體語言，恐懼期，社會化等。
- 兼顧人犬兩方需求、保障安全等各方考量的做法。
- 常見問題預防及解決方法，並加上執行細節的經驗談。
- 遇問題以動腦解決，沒必要也不適合用蠻力。
- 不同其他訓練書籍的觀點及新思維。

生活技能沒法拿來表演，得不到很多讚，但是可以讓生活過得舒心順利，這對我們和狗狗同等重要，懂得過日子永遠比精準的揮拍技巧來得重要，不是嗎？

黃薇菁（Vicki Huang）——Vicki 響片訓練課程講師

NOTE 美國 KPA 響片訓練師課程（Karen Pryor Academy，https://karenpryoracademy.com/）
國際訓犬師課程（International Dog Trainer Education，簡稱 IDTE）由挪威訓練師吐蕊・魯格斯創設，對本書影響甚巨，書中將有介紹。

Introduction 導讀——訓練師是這樣養狗的

我相信出自於理解、同理與尊重的心態而有的作法，能貼近狗狗的心、更能讓我們和狗狗擁有較好的關係，因此，你會發現讀下來，這是一本花在解釋與介紹多於實際操作的狗狗訓練書。除了從訓練的角度來帶入，我更想讓大家了解的是如何享受與狗狗的生活。前陣子我在網路上看到一個短片，上頭的文字非常吸引我，是這麼說的：

「四個月大時，你是這麼的可愛。
六個月大時，你幾乎把我所有的鞋子都啃完了。
一歲時，你越來越大隻。
二歲時，你活力充沛，非常好動。
四年過去了，我們是最好的朋友。
到了第九年，我們形影不離。
在第十四個年頭，我希望我能再重新做一遍。」

當狗老去的時候，我們很想跟牠重來，又或者當牠離去時，我們會很想重溫某些美好的回憶，在想起某些共同回憶時，更希望自己能夠對牠們再好一點。我希望，在你的狗兒老去以前，你已經找到更多不同的選擇、更多不同的方式來與你的狗好好地生活，你會在最後回想時，覺得每一天你們都過得很好，平淡的很幸福。

在幫主人跟狗狗做課程的時候，我經常得到主人吃驚的表情表示，「我以為狗就是要很乖耶！」。通常主人形容的很乖，指的是狗狗是全世界最乖巧的好學生，對主人唯命是從，反應力快，不吵不鬧，永遠都要對週遭事物感到開心，當主人找牠的時候，反應時間不超過兩秒就要來到主人的身邊，當主人沒有時間陪牠時，就要進入待機狀態，也就是保持安靜睡覺一整天。這麼形容聽起來或許很荒唐，但仔細想想，如果狗狗不是處於這樣的狀態，你是否能接受？

例如，狗狗對於撐著雨傘的人感到緊張，接著，瘋狂大叫。你的第一個念頭是，「狗狗不該也不可以這樣。」你是否可以很快速地來到第二個想法，「牠對這樣的狀況感到緊張，我能不能在牠緊張而警戒時幫助牠？那麼牠下次就不需要過度防備，也就不需要大叫了。」

我們能做些什麼來幫助狗狗？這是我想教給你的事，也希望透過這本書，讓你更加了解自己的狗狗，從認識你家狗狗的個性、喜好、能力等，開始感受牠進入你生活的特別之處，並輕鬆自在地與獨一無二的牠相處。

在與狗狗生活的過程中，我們常不知不覺地設下了一些隱形標準，而這些衡量的標準經常來自於我們的文化與社會關注，也間接地讓我們不自覺提高對狗狗的標準，在不了解狗狗這個個體的情況下，抱持著不符現實的期望。久而久之，自己跟狗狗在生活中遇到的各式問題越發嚴重，我們愛狗狗，也相信狗狗對人類的深厚感情，卻在面對這些問題時，產生極大的挫折感。

我們仍得在生活中設定一些規範與限制，在某些情況下會有一定程度的妥協，並將其他人的需求與感受考慮進去，才能幫助自己和狗狗融入社會。不過，無論是標準還是規範，前提都應該建立在「這是我們與狗狗共同的事情」，這會是我們要一起學習、經歷與渡過的。

我想讓你了解訓練師是如何安排自己與狗狗的生活，也許你就能體會「原來狗狗這樣養就好了，我這麼做會很好，牠這樣子就可以了。」你並不需要真的去成為訓練師，但你可以當一位懂得狗狗的主人。不用擔心，這些內容與知識都不難，活動也很容易練習，每個人都做得來。在下面的章節裡，除了提及常見的問題行為，也會有該如何安排生活流程等建議，期望這些能讓你們的生活擁有更多心理與實質上的準備。

我為此設下了與狗狗一起的第一天、第一週、第一年……等階段性時間，在這些階段中，我們會遇到哪些狀況？當狗狗五、六歲時，或者步入老年之後，可能會有哪些不同？在狗狗與我們生活的這輩子中，日常究竟會有什麼變化？我們能做什麼調整，來協助狗狗與自己適應「在一起」的生活。

在牠來到十來歲時，你能說，「哇，這些日子很平凡卻燦爛。」當牠到了天堂時，你即使感嘆一切無法重來，但回想過往仍深深地感受牠在你身邊時，那些你們所擁有的這些日子都顯得值得與珍貴。

而我也深信，若是我們都懂得如何與狗狗好好地生活，也能傳遞更多正確的觀念到社會上，所帶動的改變可能不只存在於小部份懂狗、愛狗的人身上，而是讓更多人擁有更多的機會與意願去了解狗狗，甚至是各種不同的生命個體。

Ming

目錄 Contents

2 推薦序——生活技能無法拿來表演，但人犬能一起活得舒心順利

4 導讀——訓練師是這樣養狗的

1 First Day 我與狗狗的第一天

12 為什麼想要養狗呢？

14 給家人一些準備

17 累積基本知識，有助於訓練的成效

23 狗狗用肢體語言溝通

28 老實說狗狗這種生物

30 我的狗需要訓練嗎？什麼是正向訓練

36 容易錯過的議題——社會化練習

42 那些你可能沒想到的狀況

43 有狗的生活之重要三大事

2 A Week! Developing Understanding 一週！培養彼此的生活默契

46 佈置一個有狗狗的家

48 練習——狗狗的廁所哲學

53 愛吃是狗狗的天性

59 練習——合適的啃咬物件

62 狗狗需要的睡眠比你想像中的多

65 調配人與狗狗的生活作息時間

67 練習——善用人的身體語言之吐蕊阿嬤手勢

73 狗狗與其它家庭成員的互動方式

76 狗狗每天都要外出散步

87 陪狗狗從你家附近開始認識這個世界

3

One Month! Getting Know About Dogs
一個月！觀察狗狗的模樣

96 摸摸——如何把手放在狗狗身上
100 練習——人與狗的邀請與拒絕
105 常見的狀況——翻垃圾桶與雜物
110 認識狗狗的嘴巴與手手
116 常見的狀況——咬人的手
120 每天都要有的活動——嗅聞遊戲
130 練習——如何跟狗狗玩遊戲

4

Three Months! Expecting Unkown Future
三個月！期待未知的一切

136 練習——狗狗的日常身體照護
142 狗狗的恐懼期及敏感期
145 增加生活環境豐富化
147 什麼是五感刺激
152 練習——一週安排一到二次探索陌生環境
156 溝通——了解狗狗吠叫的原因與意義
160 常見的狀況——保護資源與需求

5

First Six Months! Everything Gonna Be Better
滿半年！狗狗似乎比較適應了

166 成長需要一點時間，狗狗的青少年行為
169 常見的狀況——坐車去遠一點的地方
172 練習——活化狗狗的身體與心智
178 有趣的背包散步
179 狗狗心目中的理想好「狗」友
186 生活原則——人狗都能有自己的時間與空間

6

Happy First Birthday!
滿一年了！生日快樂！

190 一起生活滿一週年及一歲的意義
195 觀念——建立狗狗的安全感與自信
197 觀念——自己的狗自己保護
201 觀念——過度刺激帶來的問題
209 常見的狀況——如何幫助狗狗適應特殊節慶、活動與事件
215 生活安排——人類好朋友
223 生活安排——照顧狗狗的第二人選、寵物保姆與旅館

7 The Young Age Of A Dog
身心最協調的階段

226 觀念——尊重狗狗自己的決定
228 觀念——改善它或者接受牠
233 觀念——狗狗的世界不是只有這個家
236 練習——任務合作
240 練習——一起放電
242 練習——TTouch 手法

8 Different Life Stages In People And Dogs
人生與狗生

250 人生規劃——另一半、結婚與懷孕後
256 常見的狀況——搬家及換工作
260 常見的狀況——小朋友與狗狗的互動方式
270 常見的狀況——新生兒與狗狗
274 我要再養第二隻狗陪原來的狗狗

9 The Most Beautiful Age Of A Dog
老犬正是最美的年紀

280 關於狗狗老化這回事
283 老犬的生活環境與活動安排
292 老狗俱樂部——維持特定幾隻狗明天的友誼
295 我們都不想面對的那一天

10 To Be Continued
未完待續……

300 你準備好養下一隻狗狗了嗎？
306 附錄——大哉問
314 寫在後面——我跟狗狗一起學習好好過日子

Chapter 1

First Day

我與狗狗的第一天

為什麼想要養狗？

「我看朋友帶他的狗去爬山很快樂，所以我也想要養一隻能陪我做這些事情的狗。」
「那你喜歡爬山囉？」
「還不錯，很健康的事情呀！」
「所以你每個禮拜都會去爬山囉？」
「沒有，因為工作很忙，不過，我每幾個禮拜要是有空就會去山上走走。」

如果你為此養了一隻狗，我想，你可能會很快發現養了狗之後的生活不如你預期地美好，更別提養了一隻幼犬。

我在上課時，常發現大部分的人，會將「對生活的憧憬」放在「實際生活方式」之前，也就是說，好像一旦養了這隻狗，就能幫助自己擁有夢想中的生活方式。像我的鞋櫃上，有一雙九成九新的慢跑鞋，當時看到身邊朋友開始慢跑，那樣持續跑步的毅力，我也好生羨慕，不過，我對慢跑的熱度只維持了三分鐘。或許負擔一雙鞋子或一套露營配備，不是個問題，但是這些終究不是生命，一旦養了狗，我們沒辦法在興頭過了之後，將牠留在櫃子或倉庫角落。

養了狗之後，你的生活將會有很大的改變，這些改變通常會打亂你原先的生活模式，有些事情可能會因為要照顧狗狗而做不完，下班回到家裡想要一個人獨處，好好睡上一覺，但又得先安頓好狗狗，如吃飯、上廁所、散步、紓壓活動或陪伴等。在這些過程中，不會只有忙碌，也有收穫，不過每個人對「收穫」的定義大不同，所以我們得問：有狗狗的生活，你做足準備了嗎？當牠啃咬你心愛的椅子，你會失去理智嗎？當牠在你最喜歡的沙發尿尿時，你會對牠恨之入骨，再也不想見到牠嗎？

這些事情可能會帶給你很大的挫折感，建議先冷靜下來，好好了解自己，再來規劃養狗，或許會讓往後的日子順利一些。當然也有許多人是不加思索或者毫無準備剛好就遇到一隻「極有緣份」的狗狗，才開始跟著學習。這也不要緊，無論怎麼開始的，我們都需要接受一個事實，就是有了牠在我們的生活中，會和原本想像的完全不一樣。在決定負起一個生命的責任時，我們要可以當狗狗的超人。

「養了狗以後，我才知道原來我這麼容易焦慮慌張。」學生S這樣告訴我。當時她的狗狗五個月大，膽子很小，連風吹動窗簾的聲音都會讓牠躲起來。我和她說，在養幼犬的前兩年，我們必須「假裝淡定」，表現堅強一點。就像牠的父母一樣，狗狗對這個世界的學習，除了運用自身的天性本能及生存能力，再來就是我們提供給牠的生活經驗了。因此，「身教大於言教」這句話在狗狗身上也是通用的。

NOTE

假裝淡定：我很喜歡社會心理學家艾美．柯蒂（Amy Cuddy）在 TED 大會的演講，主題是——姿勢決定你是誰（Fake it until you become it.）我也相信，如果我們能在協助狗狗面對人類生活事件時，讓自己表現地淡定一些，也能幫助牠擁有可參考的對象。

給家人一些準備

曾聽學生說家人有時會說：「你的狗大便了。」他對於清理大便沒問題，但對「你的狗」這三個字倒覺得很讓人傷心。另外也有聽到「狗狗是大家一起養的，所以大家的責任都一樣，都要分攤每份照顧的事情。」講是這麼講，但其實不然。正常的狀況下，總是有人比較樂意照顧狗狗，也有人只想和牠玩，也可能有些家人對牠帶著一些排斥。我們得理解，每個人能接受狗狗的程度真的不同。

我的建議是，一個人需要有能力負擔起所有狗狗的生活事物才可以。不把其他人列入其中，可以減少自己無謂的期待，這同時也能幫助稍稍排斥狗狗的家人降低他的心理負擔。在這樣的狀況下，他才可能有機會慢慢地認識狗狗，接受牠在生活裡多一點，將狗狗納入考量，成為一家人。

雖然真正照顧的責任只在一個人身上，但全家都能學習關於狗狗的教養知識是相當有幫助的。因此，當你決定要將牠帶回家時，會需要把蒐集到的資訊放在大家容易看見的地方，但是這可能不適合放一整本書。或許是簡單的一張照片，一個大大的關鍵字配上簡短的文字，例如：根據統計，飼養狗狗能幫助心跳放慢。對待狗狗輕聲細語有助於信任關係；社會化練習能幫助狗狗減少對外在事物的反應過度，減少過度吠叫等行為問題；散步時，要盡量帶狗慢慢走，一次呼吸走一步，幫助牠學習在城市散步……等等。

當然，每個家庭的溝通方式都不同，動動腦動動手，準備多一點不同的資料，貼在冰箱上或放在茶几上外，也可以把握晚餐大家吃飽後坐下來的時機，與狗狗一起在客廳做些活動，讓家人看看如何與狗狗互動。在一開始絕對是比較辛苦的，不過成果也會在你不斷嘗試中，一點一點地展現。

需要讓家人瞭解的事情有

適應期

在狗狗剛來到家裡時，讓大家知道牠需要時間適應，一開始牠看起來可能會比較膽小，大小便的上廁所習慣也需要一段時間才能養成。要注意的是，在適應期階段，也是我們最容易對狗狗貼上標籤的時候，「現在就這麼膽小，是不是以後就怕東怕西？」、「一開始就尿錯，日後牠會不會都以為是尿在這？」常常貼標籤會影響訓練的品質，我們也會因為太早下定論，漸漸忘記如何給予自己和狗狗時間做改變。這時怎麼做比較好呢？

你可以提供簡單的處理方式給大家，引導家人，也許是簡單一點的幾個句子，重複說明即可。像是：「狗狗不會一直尿錯，牠在適應環境，留下熟悉氣味。」、「牠會跑出來，又躲回去。不用理牠，牠會越來越勇敢。」

訓練概念

訓練的概念就像是加分、扣分，如果扣分的事情比加分的多，你可以想像生活狀況會是一團糟。因此，特別需要主動介紹訓練的原則給家人，例如：嚇止、打罵可能會帶來的影響，使用不打不罵的訓練方式，可以幫助狗狗信任家人，一樣能帶來訓練的效果。

製作小標語

上網及透過書籍找尋正向訓練師的相關文章，找出適用於你家情況的語句，簡短整理後，列印下來放在客廳或冰箱門上，讓大家經過時可以看一下。

健康知識

許多動物醫院提供相關簡介資訊可以索取，例如：疫苗施打時間、體內外寄生蟲的預防方式，中暑的症狀……等，這些資訊也能簡單整理幫家人建立養狗狗的基本健康觀念。

累積基本知識，有助於訓練的成效

狗狗需要被了解。了解牠的生活需求、溝通方式、肢體語言、天性及本能反應等，這能讓我們比較好找出與牠一起生活的方式，學習牠可能會有的反應與行為，也許我們就不會那麼執著於為什麼牠老是跟我作對，聽不懂我的話。以考量狗狗的需求與感受作為前題，再來設想如何安排訓練，教導及引導牠融入我們的生活。這麼一來，這些知識能幫助你只要做少少的訓練調整，就能發揮很好的效果。

即便曾經錯誤引導狗狗的某些行為，可能是在狗狗撲上來時，你給了回應，接下來，發現牠更頻繁地這麼做。不用擔心來不及改變，因為當你擁有清晰的思考及冷靜的態度，對行為的訓練會更有幫助。

狗狗的基本生理需求，大部分人並不陌生，不外乎吃飯、喝水、大小便。可是我們不難看到有些狗狗被長時間關在一個籠子裡，能夠吃飯喝水大小便就好了。當我們將狗狗帶進我們的生活裡，就不能當作只是線上飼養的寵物遊戲，有空再照顧，即便線上寵物照顧得很好，也無法代表在接下來的十幾年都能為這個生命負責。

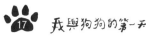

為了活下來的生存本能

野犬在野外生活時，得評估所處環境，這是非常需要頭腦、感官及身體四肢的相互協調運用。牠們具備優秀的危機處理能力來面對眼前的異狀，了解自己何時需要逃跑，何時繞過跨越即可；好奇心可拉大覓食的範圍，發掘探索更多地點，找到更多機會進食，獲得生存的機會，當然牠們也需要有隱密堅固安全的地方休息，儲存體力、修復身體，帶來安全感。

牠們在野外擁有「選擇權」，做出自己認為安全的決定，累積利於生存的經驗。

然而，換到被人類圈養的生活中，「選擇權」也是最容易被剝奪的事情。換個角度想，如果你的生活沒有一定程度的選擇權，那會是什麼樣子？生存需求與本能仍然存在，但沒了「選擇權」的狗狗和我們一起過生活，會有什麼影響？

我想，即便每個人的生活模式不太相同，狗狗要學習與面對的事也不大相同，但與生俱來的生存需求與本能仍存在，並沒有消失，若對此視而不見，便會衍生出一些問題行為。

狗狗也有自己的情緒

「狗狗抓癢的時候，不是就是牠身上癢嗎？或者有皮膚病。」這可不一定，抓癢可能是狗狗其中一個壓力表徵，當發生某件事帶來刺激，牠的身體會努力反應及面對，這會讓壓力上升，體溫也會跟著升高，一連串的生理反應改變後，因而出現抓癢的動作。

因此，當狗狗頻繁抓癢，有可能表示牠正在處理某一件事情的壓力。當然也可能是因為今天換了一條新的胸背帶或是胸背帶的尺寸不合。不僅如此，也得考量狗狗的皮膚或健康上有什麼狀況，是否需要帶去看醫生。

很希望有一本百科全書，只要我們提出關於狗狗的問題，就可以得到正確解答，這樣要了解牠就容易多了。不過，光是一個抓癢就有這麼多種可能，更別提在觀察狗狗時候，所出現的各種疑問，像是為什麼牠已經十歲了，還是亂尿尿，仍學不會在哪裡上廁所？為什麼狗狗會一直騎乘（前腳抱住某個目標物開始動下半身），而且除了公狗外，也會發生在母狗身上？

狗狗光是抓癢一個動作，就包含各種不同的可能。

狗狗常因生病或環境的改變，而產生壓力。尿尿可能只是其中一個面對壓力的宣洩出口；而常見的騎乘也不一定與性有關，也就是說當狗狗騎乘沙發上的抱枕時，不代表牠希望與抱枕發生性行為，更多的可能為這是牠在承受較大的壓力下所做出的行為，我想，比較像是有些人會選擇去抽煙來緩和心中的不安與焦慮。

例如：某些狗狗在面對其他同類，因為比較緊張不知道怎麼互動時，也會出現騎乘的動作。對方狗狗當然會覺得被冒犯，很有可能會因此打起來，這部份可能會被誤會是在較勁。另外，年輕的狗狗因正在發育，身體經常承受變動的壓力，自然容易出現騎乘行為。

我曾經有一個學生養的是獵犬，他們習慣和狗狗玩頻繁地丟球遊戲，所以牠像是對球上癮一樣，當牠看到球，但是球被放在高處無法取得時，就會很挫折地吠叫一陣子後，回頭不停地騎乘主人的腳。

幫自己做筆記，觀察狗狗可能反覆出現的動作後，去了解這些行為、肢體語言背後所傳達的情緒與訊息，能幫助我們學習如何與牠和平共處。

同樣騎乘的動作，需視所處的情境來解釋可能的原因。

我很喜歡的一段話，是來自於我的老師挪威訓練師吐蕊・魯格斯（Turid Rugaas）在安定訊號一書《狗狗在跟你說話！完全聽懂狗吠手冊》（Bjeffing: Spraket som hores）引用印第安酋長丹喬治的話：

「如果你對動物說話，牠們將對你說話，如果你不對牠們說話，你將不了解牠們。對於不了解的事物，你將感到恐懼。令人感到恐懼的事物，就會被人摧毀破壞。」

當我們不了解狗狗時，容易產生誤解，也因為害怕或恐懼牠對我們造成傷害，常不自覺地放大內心的恐懼進而採取傷害性的行動，試圖利用疼痛或嚇阻所伴隨的恐懼感來控制狗狗。假設狗狗見到路人因警戒而吠叫時，你出聲制止牠，只是試圖阻止牠吠叫，用嘴巴教牠這樣是錯的，這不代表教會狗狗不用擔心路人，「更別說我只是輕輕打牠罵牠一下，也不行嗎？」

我們要了解的是，狗狗和人類一樣，同樣是有情感與情緒的，因此不考慮情緒，只試圖處理行為，效果自然不彰。當牠對路人吠叫時，你看見的不能只有「吠叫行為」，更需要考慮的是狗狗「當下可能會有的感覺。」

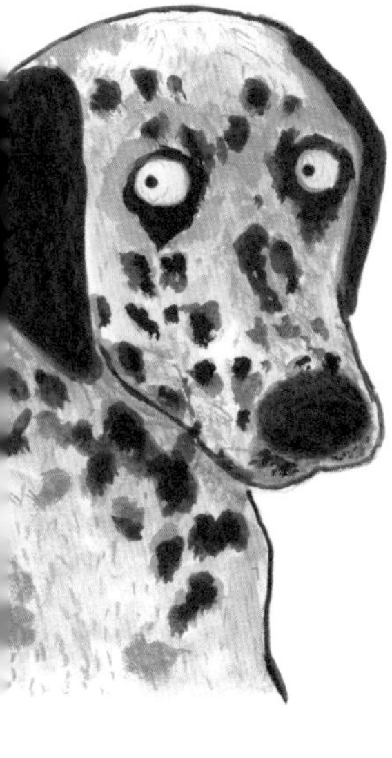

還有一個很容易讓大家誤解的是與狗狗做近距離的互動接觸時，我們常認為將手伸出來摸狗狗的頭，是示好的方式，不過，從狗狗視角來說，陌生人的手從天而降，牠一時之間只有驚嚇與壓迫！所以這隻手若還進一步企圖碰牠，尤其是從頭上摸下來，那有多刺激啊！

學習狗狗的肢體語言與生理行為之間的關聯，能幫助我們更加理解與了解狗狗。在接下來的章節，將為大家介紹狗狗的安定訊號，試著從狗狗的角度來協助大家理解並同理牠的處境，可能會面對的狀況，以及累積這些行為經驗對牠的影響。

儘早準備「了解狗狗的肢體語言」這門功課，這可以幫助你在看待狗狗時，盡可能客觀地觀察，而不是在遇到不如預期的情況時，因沮喪、挫折及恐懼而產生更多的誤解，並且使用錯誤的方法對待狗狗，造成更多的生活衝突與問題。

從狗狗的視角來看，直接摸頭的示好方式，帶給牠很大的壓迫感。

狗狗用肢體語言溝通

因為狗狗不會使用人類的語言進行溝通，但這不代表牠沒有在「說話」。如果看得懂牠的肢體動作背後的意義，你將明白牠所傳遞的訊息，了解哪些微小的訊號是我們該留意的，表情、肢體就是狗狗的語言。

安定訊號

挪威訓練師吐蕊．魯格斯在觀察了許多狗狗後，發現當牠們感覺到緊張或不自在時，會運用身體做出一些動作，試圖讓自己或對方能因此冷靜下來，化解可能會有的衝突。她將這些如瞇眼、打哈欠、撇頭的行為命名為安定訊號。在許多狀況下，它屬於很前線的訊號，若是我們能提早注意到狗狗的安定訊號，了解牠當下的情緒狀態，那麼，我們便能試著去改變事情發生的情境氛圍，減少狗狗因不自在而承受了更多壓力，甚至需要做出攻擊來保衛自己。

壓低身體、轉身、抬腳、撇頭都是我們常看見的肢體語言，只是我們不知道那代表什麼意思。

黑色的狗狗由於五官不容易被看見，會更常做舔舌的安定訊號。

你可能會在哪些時候見到安定訊號呢？

- 當你將臉直直湊向狗狗時，牠做出避開視線、撇頭、打哈欠或者舔舌的動作。
- 走在路上，一個人牽著狗迎面而來，你可能會見到狗狗忽然往旁邊嗅聞，或試圖繞圈跟你拉開距離。
- 狗跟狗相遇時，也經常使用安定訊號。這些訊號動作能降低當下的緊繃狀態。當安定訊號無法發揮作用時，狗狗就會進一步做出警告訊號。

把臉湊向狗狗時，即便是熟悉的人，狗狗也會做出撇頭的動作。

3	1
4	2

1. 當狗狗面對稍為複雜的環境或不安的狀況後，很常做出甩身體的動作。2. 陌生人距離太近，讓狗狗覺得有點不安，露了眼白並微微壓低身體。3. 因為距離太近，左邊的狗狗瞇眼睛，右邊的狗狗做了眼神迴避及撇頭的動作。4. 打哈欠是狗狗很常做的安定訊號，像是幫牠拍照的時候。

警告訊號

掀嘴皮、低吼、露出牙齒等就是我們常見到的警告行為，是狗狗試圖停止對方當下的動作或藉此拉遠距離的方式，這也是主人經常「抱怨」的問題。事實上，許多訓練師包含我，對於警告訊號都是抱著「好感」，當狗狗做出警告時，表示牠認為自己現在受到威脅。

一個常見的例子是討厭剪趾甲的狗狗。當主人一手抓住狗狗的手，另一隻手拿著趾甲剪，這時牠很可能會低吼且掀嘴皮，明確表達出「你不要再繼續下去了！」如果主人此時還堅持要剪，狗狗很可能「被迫」需要再更進一步告知，那便是張開嘴巴用咬人的方式來說明牠非常不喜歡現在這件事。

在狗狗用低吼告訴主人對於眼前的事情感到害怕時，主人並沒有停手。久而久之，牠越來越討厭剪趾甲，最終演變成惡性循環，牠在未來可能就不再做「警告訊號」，轉而直接開咬。這究竟是狗狗的錯？還是主人造成的呢？

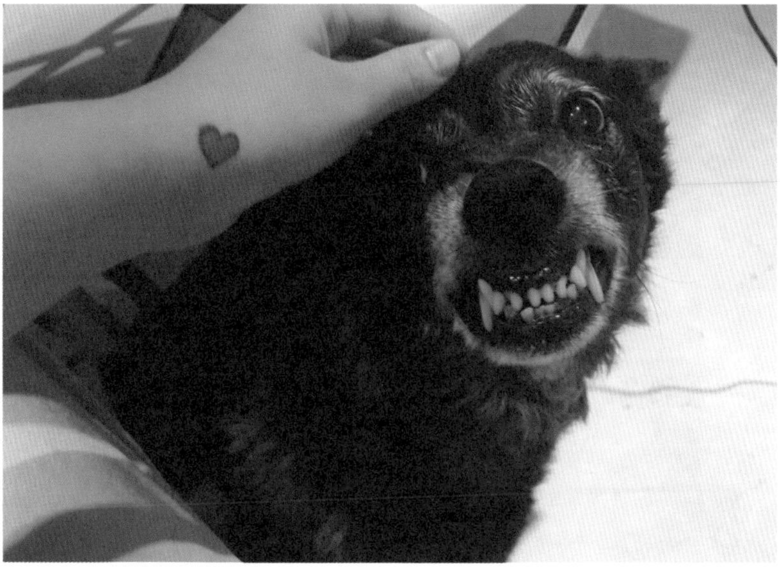

掀嘴皮、低吼、露牙齒為警告訊號。

面對這些衝突時，我們可以做得更好。當狗狗露出牙齒邊低吼時，馬上停下眼前的事，接著重新擬定計畫，幫助牠慢慢接納那些「必須」要做的事情。這邊用了必須二字，那也表示其實有許多事情是不必要的。

不必要的事，像是在你給了狗狗一根好吃的啃咬骨頭後，牠叼到旁邊墊子趴下來啃，接著你靠近關心（其實這是打擾），牠對你掀嘴皮或低吼，你該怎麼做？離開就好。也許你會想說這是否需要擬定訓練計畫？在你下次靠近（打擾）牠時，讓牠不覺得被威脅？實際上是不需要的，因為很多時候我們就真的是在打擾。

也許你會擔心狗狗出現低吼後，是否就會咬人或越來越兇？但回頭想想，若是我們理解警告訊號的意義，不加以刺激，牠自然不需做更激動的行為表示。理想的狀態是我們「看得到」安定訊號，並回應這個訊號，所謂的回應是指停止當下在做的事情或拉開兩者的距離，那麼牠就不用進階到做出警告訊號，更不需要攻擊。

狗狗帶著娃娃去睡覺，這時你若抽出牠手中的娃娃要跟牠玩，就有可能打擾牠，牠或許溫柔拒絕你或不理你，也可能對你掀嘴皮低吼。無論結果是哪樣，我們都該做出對的選擇，即是尊重牠當下做的事情。

我想，對主人來說，這不是很容易配合的「事實」，因為我們通常不太喜歡看到狗狗做這些「動作表示」，甚至不太能接受牠不願意配合。不過，要知道狗狗也是一個獨立的個體，牠有靈魂，擁有喜怒哀樂的情緒，有喜歡的事情，也有討厭的事情，就像人類一樣。

在理解這些肢體語言、安定訊號之後，我們需要學習的是尊重。有些事情我們得學會尊重狗狗的意願，牠就是不如我所希望。有些事情不可避免的，我們就要幫助牠們學習接受或配合。我希望接下來的內容能幫助大家思考這兩點的不同，學習分辨兩者的差異，採取合適的態度與行為面對狗狗這個生物。

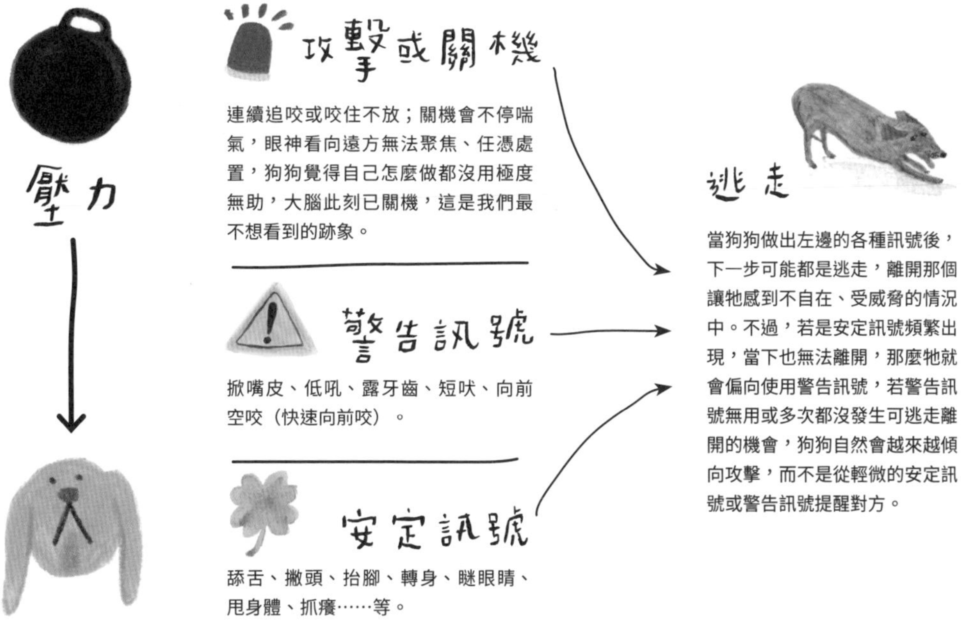
壓力
攻擊或關機
連續追咬或咬住不放；關機會不停喘氣，眼神看向遠方無法聚焦、任憑處置，狗狗覺得自己怎麼做都沒用極度無助，大腦此刻已關機，這是我們最不想看到的跡象。
警告訊號
掀嘴皮、低吼、露牙齒、短吠、向前空咬（快速向前咬）。
安定訊號
舔舌、撇頭、抬腳、轉身、瞇眼睛、甩身體、抓癢……等。
逃走
當狗狗做出左邊的各種訊號後，下一步可能都是逃走，離開那個讓牠感到不自在、受威脅的情況中。不過，若是安定訊號頻繁出現，當下也無法離開，那麼牠就會偏向使用警告訊號，若警告訊號無用或多次都沒發生可逃走離開的機會，狗狗自然會越來越傾向攻擊，而不是從輕微的安定訊號或警告訊號提醒對方。

老實說狗狗這種生物

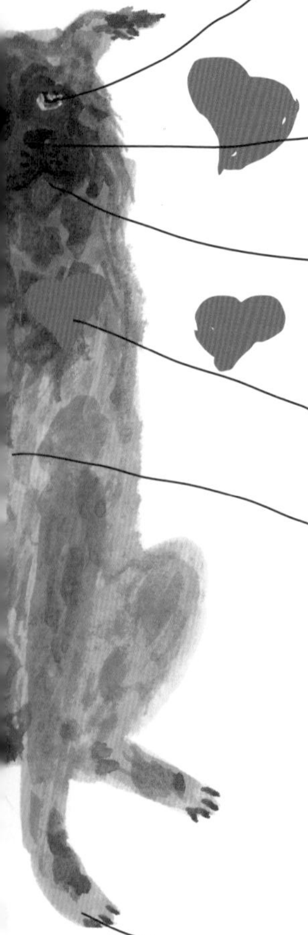

眼睛

用水汪汪的小狗眼神操控人類的心智與溝通。眼神迴避不是牠心虛，是在避免衝突。看你的眼神真摯溫柔，表示相信你。

鼻子

搜尋奇怪的臭味，但也用來蒐集分析世界，當資料累積越多牠就越開心。

舌頭

舔主人和自己的身體。不過，舌頭用在很多細微的動作上，可能是溫和地拒絕你，也用來舒緩自己不舒服的地方。常與鼻子搭配使用，像是舔目標物蒐集更深一層的資訊，當然也常用來清理屁股上的髒東西。

心

把全部的愛都給你。

狗毛

在一起時會覺得為什麼狗毛到處都是，離開時卻又讓人想念，是狗狗與你生活的最好證明。

腳掌

挖洞或四處蓋章，很像人類的手，留下氣味，或把氣味撥遠一點，也會鋪床或提醒你該帶牠出門散步了。

大腦

總是想著食物，這是為了生存，大腦也用來學習適應人類的生活。

耳朵

里長伯的重要特徵，蒐集鄰里間小道消息，豎立時為專心或警戒。在你回家時，耳朵會收起來變成飛機耳搭配扭動的身軀及瘋狂甩尾，害怕時耳朵會緊貼頭部及壓低的身體。

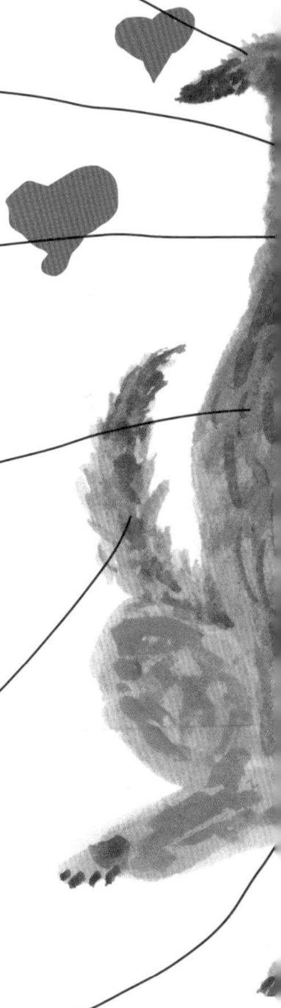

嘴巴

吃、搞破壞！除了吃以外，也會用聲音發表意見。有時兼具手的功能，做一些自己覺得重要的工作，例如拆開洋芋片包裝，檢查沙發裡面的填充物等。

頸部

抹香水（屍體或大便）的首選，當發現新奇味道時，常利用這個部位做更深層的親密接觸。

狗味

從身體到腳掌都有不同的氣味，如同芬多精，讓人心甘情願為此中毒。

尾巴

開心時，尾巴會大幅甩動，害怕時會夾在雙腿之間，是表達情緒的參考指標，還可擔任雷達，靠近某些目標會快速擺動。

屁股

大小便之外，也是作記號留氣味的得力助手。留意觀察大便的變化，可協助牠的健康管理。

我的狗需要訓練嗎？什麼是正向訓練？

即便我們沒有意識到，但訓練確實時時刻刻存於在我們的生活中。隨著狗狗與人的關係越來越親密，生活方式也跟著緊密起來，我們變得更容易遇到一些衝突或陷入麻煩的情境裡。因此人類想出一些辦法（訓練方式）來教導狗狗，但是方法這麼多種，該用哪一種比較好呢？

我推薦多蒐集一些書籍資料、相關課程來幫助自己更加了解狗狗，透過專業訓練師上課的好處是，訓練師普遍做過許多相關訓練的學習，能較為廣泛且客觀地面對不同狗狗的狀況，在改善行為或者做生活習慣訓練上，效果及效率當然也會比較高。你也許有過下列這些疑問，我的狗狗是否需要找訓練師上課？我可以自己做訓練嗎？又或者我需要做哪些訓練呢？為什麼要使用正向訓練的方式？正向訓練是否很花時間？用正向訓練的話，我要如何告訴狗狗這樣做是錯的？

正向訓練的定義很廣，普遍來說，符合學習原理中的使用正增強，不使用正處罰……等，明確的說就是在訓練的方式中，除了不打罵以外，更不會將狗狗放在讓牠感到驚恐，或者是過度刺激造成身心背負極大壓力的狀況中，使用友善及人道的方式來對待狗狗，並運用在教養上，可以增加狗狗對人的信任感，同時也能減少行為問題的發生機率，人犬也能擁有較好的關係。

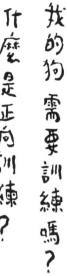

在訓練的方式上，我們常面臨到的挑戰是，當狗狗表現不佳時，尤其是伴隨吠叫或開咬的行為，我們很容易為此感到憤怒與沮喪，很希望快點終止這些行為，轉而採取強壓式的教法。在此，我必須要說，只要符合學習原理，即便是強壓式——正處罰，就能影響行為，也就是說它確實能降低人類不喜歡的行為，不過，同時在發生的事情是狗狗在這些經驗累積下，更加恐懼，特別是面對強壓式的處罰，極有可能產生更大的壓力，進而出現更為激烈的吠叫或攻擊（開咬）。

也就是說，你不希望狗狗對路人吠叫，在忙著制止牠時，卻沒了解背後原因（通常多數是狗狗面對這樣的狀況感到不確定與害怕），那麼，在下一次同樣的情況下，狗狗依舊會吠叫。

無論是我們或狗狗，在面對某些事情的過程中，若感到不愉快，便會降低我們面對那些事情的意願，甚至對該事件有很大的反感。請相信我們若是能學習理解狗狗的肢體語言，了解牠需要的時間與距離，為牠累積良好的經驗，狀況自然會跟著改善。

回歸一句問問你的心：「狗狗真的需要被罵被打、被扯繩子，牠才學得會？還是你不想讓自己冷靜下來，花時間來引導呢？」我們需要學習尊重、理解狗狗與人的差別，並釐清事情發生的原因，解決問題的源頭，才能妥當處理當下的情況，讓人、狗擁有良好穩定的身心狀態，享受彼此的互動與生活。

狗想當老大？這誤會可大了！

你可能曾經聽過要當狗狗的老大，我們要先吃飯、先走出門，坐在家裡的高度都要比狗狗高，讓牠知道一切都掌控在我們的手上，牠才會乖乖配合。美國獸醫動物行為學會（American Veterinary Society of Animal Behavior）對於「地位說矯正狗狗行為」這點表明了立場：大部分的行為問題並非是狗狗想當老大，而是這些行為更常是發生在生活中，無意間受到增強，或者沒有人為狗狗找出合宜的替代行為。

「狗老大」的說法早期由研究狼群的博士 Dr. L. David. Mech 在觀察國家自然公園裡狼群的生活方式後所創造出來的名詞，指的是狼透過打架與競爭來取得最高的位置，獲得最高位置的狼擁有資源的第一優先權，狼群之間是有位階觀念的。一九七〇年出版《The Wolf》這本書後，再加上常見的「狼是狗的祖先」，這個說法開始盛行，人們也開始相信自己必須這麼做，才能帶領狗狗。只要我能夠控制資源以及夠強勢，那麼就能在高位階，其他狗狗便會乖乖服從。

不過，在二十年後，Mech 博士決定要在野外重現自己的研究結果，當他進行實驗後，發現自己誤會了，狼群並沒有這樣的位階，狼的表現其實和人類相似，在群體中扮演父、母親的角色，公狼與母狼生下小狼後，成立了自己的狼群，而狼爸爸、狼媽媽會細心呵護小狼，提供足夠的安全感及食物等，讓小狼得以健康平安長大。Mech 博士在這之後，企圖修正自己的錯誤，然而，所謂的「狗老大觀念」已經廣泛地傳播，很多人們寧可相信一開始的說法，也不願意接受 Mech 博士的更正。

為什麼光是獎勵還不夠？

本書中的訓練內容原則，可能會與你的想像有些不同，採取的生活練習內容會以吐蕊・魯格斯（Turid Rugaas）及 TTouch 所提倡的要點與原則為主。

吐蕊阿嬤是一名國際知名的訓練師，目前花上許多時間提供犬隻訓練師的進修教育。有別於常見的「做對獎勵，做錯忽略」的正向訓練方式，她更重視的是協助狗狗學習面對生活的能力，藉由了解狗狗的身心需求，做到合適的滿足後，自然能讓狗狗擁有健全的身心狀態。此外，吐蕊阿嬤也相當要求飼主自身的每日／終身責任。

身為正向訓練師，我也開始思考為何只是獎勵狗狗好的行為還不夠？為何狗狗終究還是會對某些事情反應過度？牠真正的需求是否有被滿足？我試著了解狗狗在面對某些事情時的壓力程度，以及幫助狗狗做個體紓壓。

帶領我進入這一個領域的是我自己的狗狗糖，牠是一隻能配合許多訓練的狗，也會非常多的把戲，然而我卻不明白為何牠總是討厭某些狗，為何對某些狗又特別好？從安定訊號後，我開始更加留意狗狗做出的各個微小訊號，逐漸學習到牠傳達的訊息，在我們生活中所代表的意義，接著，才能看見狗狗放鬆自在會是什麼模樣。

改變你的身體、想法與情緒

我剛開始的工作為工作犬訓練師，工作內容是將狗狗訓練好後，提供給身心障朋友，並與他們一起進行銜接訓練。不過，這部份到了寵物犬訓練，卻全然被打破，這讓我壓力很大，因為與狗狗生活的是主人，我必須先幫助主人，才能同時幫助狗狗與主人。

相信我，與人互動與溝通絕對比訓練狗狗本身難上很多，這點也提供給未來想要當訓練師的朋友們參考。但在接觸 TTouch 後，這對我產生非常大的幫助。TTouch 是美國琳達・泰林頓瓊斯（Linda Tellington-Jones）博士所發明的一套特殊撫摸技巧，用來輔助動物釋放壓力及幫助身體平衡，此外，他們也相當重視主人自身的平衡與身心狀態。

"Change your body, change your mind.
Change your mind, change your emotion."

「改變你的身體姿態，就改變了你的心態；改變了你的心態，就能改變你的情緒。」

我們希望改變自己或動物在面對某些事情所出現的行為，避免該事情帶來的不愉快情緒，先從改變想法開始，但是如何改變想法／思想，可以先從改變身體呈現的狀態開始。

隨著正向訓練的發展，人們開始越來越樂意嘗試，只是在學習理解狗狗的這條路上，知識永遠不夠。了解更多，就越能理解應該如何做練習，努力付出自然也能得到合理的回報及效果。因此，「如何讓狗狗知道這是錯的」，也就不在我們要強調的範圍內，如同雙方立場不同，會採取的行為與動機自然不同，我們認為的錯，以狗狗的角度來看，也許是牠有需要或沒得選擇，只好這麼做。

總歸一句，持續學習各個面向，自然能讓整體的觀看了解更為立體與清晰，也能在教導上進行地更加順利。有毅力地練習，控制自我情緒，站在他人立場著想及運用同理心，一直都是我們的習題，不管面對任何事情都一樣，在照養狗狗上，更是如此。好消息是，當你花時間在狗狗身上，這些努力不會石沉大海，總有回報的。

你願意開始這麼做了嗎？

容易錯過的議題──社會化

現在很常聽到是因為狗狗社會化不足，所以才會這麼愛叫、所以才會這樣咬人、所以才會這樣膽小。這句話一部分正確，一部分不正確。

狗狗社會化是什麼意思呢？就是為狗狗安排進行一些練習，來幫助狗狗適應人類環境常見事件。

在這個以人類為主的社會結構下，周遭環境時是由各種不同的感官刺激所結合而成的，不同的人事物持續發生。我們從小就被帶著到處去，接著進入學校、社會，在生活中擁有許多機會來學習適應這些不同的事情，了解每件事發生的開始、原因、結果，是否對我們有害？是否危險？長年累積訓練下來，我們所需的反應時間變短了。有些事情會讓我們很開心；有些事情是意外我們控制不了；有些事情很抗拒，但也可能在某些狀況下會試著配合；當然也有些事情是我們長大後決定不要再做的。這就是我們社會化的過程。

跟我們一起生活的狗狗因此增加了很多的機會，面對這些由各式感官刺激組合而成的人事物。狗狗與人的天性、構造及本能上的不同，讓牠對這一切擁有不同的感受及感覺。狗狗的感官反應都比我們敏銳，因此，我們覺得普通的音量，對牠們來說，往往都是很大聲，而感官反應的不同，即代表會收到不同的回饋。

在某些情況下，狗狗若被過度刺激，會感到不舒服，長期下來，會變成慢性壓力，也因此累積許多不愉快的經驗，依照牠們的原始本能，可能變得越來越敏感，對很多事情的反應也越來越大，有時候甚至認為需要自衛而開咬。所以有些事件我們得幫助狗狗學習接受；有些事情在我們的帶領下會發現牠很喜歡感到開心；有些事情則是討厭極了，不過我們還是得幫助牠學習配合；當然還有很多事情是不需要要求狗狗做的；也會有很多事情你會發現狗狗表現地和我們一樣成熟，牠能夠獨立自處，照顧自己，很有把握、很自在，偶爾遇到討厭的事情容易作罷……等等。

協助狗狗學習這些事件的過程，就可稱為社會化的練習。社會化的練習是一輩子的事情，這是個好消息，因為你不用擔心要是狗狗到你身邊已經好幾歲了，一切就無法改變。在常見的事件中，幫助狗狗適應，不會出現過度反應，在合適的情況、時間與空間下，得以恢復。

以愛叫來說，除了後天的習慣、社會化不足之外，也可能是屬於該犬種的特色，例如：狐狸犬系，天生就是非常「多話」的。因為社會化不足或先天培育造成的，也可能會很愛叫，如紅貴賓，就可能因為過度任意繁殖，在基因及個性上沒有做合適的犬隻挑選，或是母犬的生活環境不佳、幼犬提早離開母犬等，除了會讓狗狗先天的健康條件不佳外，也可能讓幼犬本身擁有較差的身心修復能力。

育種與社會化之間的關係

我還記得在美國輔助犬訓練學校時，學校負責育種的老師分享的經驗談。所謂輔助犬（Service Dog）是指訓練用來協助肢體障礙人士。在訓練學校裡，長期培育的犬種為黃金獵犬，一部分為拉布拉多獵犬，育種老師會在評估狗狗健康與性情後，挑選合適的種犬培育，這麼一來，便能提升犬隻穩定性的機率。

學校有一個活動叫 Puppy Petter Club，每當有一批幼犬出生一到二週後，會定期安排一群義工來拜訪牠們，由不同年齡、性別、人種組成，要做的事情就是到親子房（母犬與幼犬）裡面待著，陪伴母狗，輕輕地摸摸幼犬，用意是讓牠們從小就有機會聞到並感受不同人的碰觸。

不過，有一次當帶領育種的老師因事耽擱，其中一位義工就帶著大家到親子房，並將幼犬帶到另一個房間做摸摸活動。當育種老師回來時，見到母犬在親子房焦慮徘徊，不時抓門哀鳴，老師趕緊讓義工把幼犬帶回。之後，母犬有好一陣子在人靠近時，會表現得很不安。

一年半過去，幼犬從寄養家庭回來接受進階訓練。牠們學習力都很好，唯獨對人的信任度不如其他學校內的狗狗。牠們信任一些常見到的人，不過，每當有陌生人出現時，牠們總要花上一些時間，慢慢地靠近嗅聞檢查，過一陣子才會沒事。若是在一般狀況，這其實沒什麼問題，但是學校考量這些狗狗的未來是會跟著主人到處去，如果牠們需要花較多的時間才能適應遇見的人，可能會讓牠們緊張，無法安心工作。最後這一胎的八隻狗狗都沒畢業，而是被一般的家庭認養。

這兩隻母狗和公狗並不是第一次被育種，牠們分別擔任過種犬幾次，育種老師對於牠們的後代有很大的信心，加上學校的訓練經驗豐富，與寄養家庭很有合作默契，因此推測比較有可能的原因是母犬在那次的經驗中變得擔憂，賀爾蒙、激素以及泌乳受到影響，進而影響到喝母奶的幼犬。

在此，我要特別說明一隻需要花點時間檢查確認人類的狗狗，真的沒什麼問題。我自己在認識新朋友時，也會需要花上一些時間，或許你也是。但這不代表我們很差勁，而是每個人都有自己的適應步調，只要在這過程不打擾、不傷害其他人就沒有關係。

特別分享這個小故事，是希望大家能正視狗狗繁殖這件事。除了法令有直接規定，必須領有繁殖牌照的業者才可以合法繁殖，更希望大家能考量狗狗的身體狀況，不要因為「我想要留牠的小孩」、「我不想剝奪牠當媽媽的機會」這樣的想法而讓狗狗生小孩。

狗狗自己的適應步調

回到社會化議題，雖然有很多狀況都有無法控制的變因，不過，透過社會化的練習，仍可發揮很大的作用。狗狗除了家裡外，更多需要牠適應的部份是外面的世界，因此經常帶狗狗外出散步應該要是常態性，而且是每天的例行公事。

社會化練習是一輩子的，更沒有年齡的限制，我們很容易蒐集到各種情境來與狗狗做練習，只需要定期安排練習，調整難易度，一段時間後自然能有所收穫。

練習要循序漸進，例如：先帶狗狗到人車少的環境，讓牠能走動並使用自己的感官認識環境。牠能四隻腳踩在地面上，感受材質與溫度，以及身體重心的變化等，如柏油路、地磚、草地及地面高低傾斜的改變。牠會用耳朵聽聽周遭的聲音，用眼睛看看周圍環境，將視線放在這些變化上，更會用鼻子聞聞那些我們看不見聞不到的氣味，也許是其他狗狗留下的氣味，或是一輛載送水果的貨車留下的複雜氣味。

從常態散步開始進行社會化練習。

有時候，狗狗甚至會用整個身體去感覺、磨蹭那棵樹或那隻被曬乾的蜥蜴屍體。我想磨蹭可能不是你最難忍受的，而是牠會舔一舔地面，甚至其他狗的排泄物，吃地上的煙蒂，嚼樹葉等。狗狗某些認環境的方式確實讓人有點困擾，尤其想到牠帶了一些氣味、灰塵紀念品回家，更何況牠還試圖想親人，這常讓人陷入兩難，既想幫牠好好認識環境，但也不想親牠剛剛吃過蜥蜴乾的嘴巴。

為了避免上述的情形，完全不讓狗狗接觸地面，抱在身上或放在推車裡，似乎多少能達到效果吧？不是這樣的，好好讓狗狗使用各個感官學習新事物，才能真的派上用場。

我們能在一次又一次的經驗中，學習拿捏分寸。好比我讓狗狗一路嗅聞，看到電線杆可以過去尿尿，但在牠靠近店家以前，我會帶開牠保持距離，減少影響店家的衛生。不小心吃到地上一小塊食物碎屑，沒關係，下次眼睛放亮點，比牠早一步看到，就能提早帶離，這些都是需要時間與機會練習的。

狗狗有時會喜歡用身體去感受牠喜歡的氣味。

那些你可能沒想到的狀況

我一直覺得有某部份的自己在狗狗面前是如此單純美好，那個特殊的感覺讓我決定這一輩子都要有狗在我的生命裡，有牠的陪伴，很自由，很平靜，也很幸福。我們和狗狗都是第一次來到這個世上，相互學習生活的樣貌。在牠真的來到我們的生活之前，我列了這章節最後一個主題：狗狗與主人常見的生活衝突，不是想要擊退你想養牠的心意，而是希望大家看見更完整的全貌——狗狗在生活裡的事實。

如果你希望狗狗來到你的生活時，你已做好準備，那絕對不能只是期待情感上的交流或互相陪伴的部份，你會需要做好生理與心裡的準備。**你需要知道有些事情你得教導自己或引導狗狗才能改變，而有些事情是，你只能接受因狗這個個體才有的事實**。

- 生活習慣　大小便習慣不規律、破壞家具、散步暴衝、不接受洗澡或梳毛。
- 人狗衝突　其他家人不喜歡狗、狗狗不接受你的新對象、狗狗跟鄰居是世仇。
- 問題行為　對路人或其它狗狗不友善，甚至有攻擊性、資源保護問題、過度吠叫。

你和家人討論過這些部份嗎？雖然可能還不清楚狗狗會有哪些狀況，不過，至少你知道會遇到上述的情形，這些會需要時間與家人的協助才能改變。

有狗的生活之重要三大事

現在多數的狀況為狗狗的基本需求沒有滿足，以至於環境管理沒有用，主人覺得訓練也教不起來，像是狗狗破壞沙發咬出裡面的海綿，或牠在家裡聽到任何聲響都能吠叫不已。「需求滿足、環境管理、適量訓練」是狗狗在生活上的重要工具與原則，無論面對什麼狀況，都需要將這三樣列入考慮，任一樣都需要適當的比例，才能讓整體達到平衡。

需求滿足

狗狗的基本需求如吃飯、進食、睡覺等，是有很多準備功夫，並非倒一碗飼料，給個籠子睡覺就夠。狗狗的需求與我們接近，除了因應生存的生理需求外，還有心理上的需求，在合適的狀況下，盡量提供／滿足需求，你會發現牠身心健康輕鬆快樂，這樣的牠，情緒行為會更為穩定，擁有好的學習力適應人類的生活。

環境管理

主要目的是為狗狗做好安全把關，建立起生活習慣，降低搗蛋行為重複發生的機率例如：將桌子及櫃子上的零食及藥品收到高處，（高度至少是你的肩膀以上或者狗狗的身長二倍），減少誤食。不在家時，將容易被破壞或單價高的東西收進抽屜，如手機、遙控器。提供環境豐富化及合適的啃咬物件，幾天後再拿出來放在桌上，牠可能只會檢查聞聞而已。

若是見到狗狗靠近一些你不希望牠碰觸的東西，請將動作放慢展示，讓牠檢查一下，接著淡定地放到牠無法取得的地方。煮飯或吃飯時，盡量將食材收好，聚集在餐桌正中央，離狗狗遠一點。若是桌子比較矮，嘗試用其他方式增加食物與牠的距離，避免牠吃到而變成無法控制的狀況。

在某些時候，可以使用圍片或柵欄將狗狗隔開，可能是煮飯或出動掃地機器人。當狗狗適應家裡作息，行為趨於穩定後，就能考慮拿掉柵欄。適時的空間隔離也能幫助牠學習人類的生活規範，這也許會帶給狗狗額外的壓力，不過，能避免一些你不想要的麻煩。

適度的訓練

適度表示為因應生活所需的相關能力，「握手、轉圈」絕對不會是最重要的，不過，「等待」可用在量體重、「喚回」可用在把狗狗叫回到你身邊。

與狗狗生活的樂趣在於每一隻都是獨立個體，牠們有著不同的個性與姿態，關於衝突及行為問題，我的目標不在於提供步驟教學，因為每隻狗、每個人遇到的狀況都不同，這不是按照說明書就能馬上解決。能做的是了解狗狗的共通性即為需求部份，再依照自己的生活方式調整環境，加入適度的練習與教養，找到你們自己的樂趣，這才是狗狗加入生活的意義。

Chapter 2

A Week! Developing Unnderstanding

一週！培養彼此的生活默契

佈置一個有狗狗的家

佈置一個歡迎狗狗來到我們生活的家很重要，合適的佈置能讓狗狗在家裡輕鬆自在，你和牠也比較不會遇到生活衝突，像是亂咬東西、破壞家具、在你不希望的地方上廁所，這些其實都是可以避免的。

狗窩

在了解狗狗的習性前，未必需要直接買一個狗窩，可以使用一些方便汰換的物品製成。例如：挑選幾件不想穿的衣服，再穿一次留下氣味後，鋪在家裡某些靠近角落的位置，那麼狗狗想休息時，就可以上去躺著。

紙箱也是很好的選擇，如果你的狗狗是中大型犬，去電器行買或要一個裝冰箱的箱子，剪一剪佈置一下即可。狗狗休息的環境偏好四周能有小矮牆，加上屋頂可以增加隱密感。這也是為什麼有的人給狗一塊薄薄的布，牠卻選擇去尿布盆上玩玩具或睡覺的原因，因為尿布盆有高度而且四周好像被圍起來一樣。另一個選項會是高一點的位置，所以當狗狗跳上沙發（既柔軟又有高度）休息，就不那麼讓人意外了。

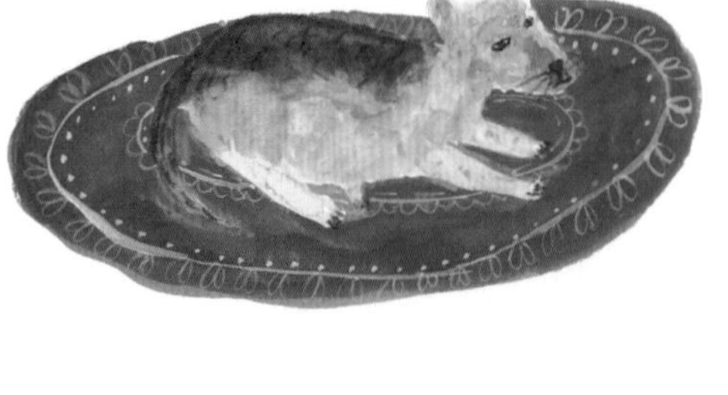

家裡如果只有養一隻狗的話，我會在每一個空間都設置有狗狗可以休息的地方，在客廳會有二到三個，一件被子讓牠自己用手撥一撥設計造型，很多狗狗都會鋪好床才睡覺；一個位在角落不容易被打擾帶有屋頂的籠窩，如果是籠子，門通常不會鎖起來，會在籠子外面加上一片小門簾，或用布覆蓋籠子的周圍，增加狗窩的隱密性；也可以拿一條小被子放在沙發上，當你坐在沙發上看電視時，狗狗可能會自己上來到你旁邊休息。

如果你飼養的是幼犬，考量安全及照養，比較不會讓牠自由地在家裡四處走踏，那麼請盡量使用圍片或柵欄圍出一個空間越大越好，因為空間越大越能幫助牠接下來學習適應整個家中的環境。在限制的範圍裡，請提供給牠數個可以休息的位置、玩具，後面會提到的「環境豐富化」也能在這個空間進行。

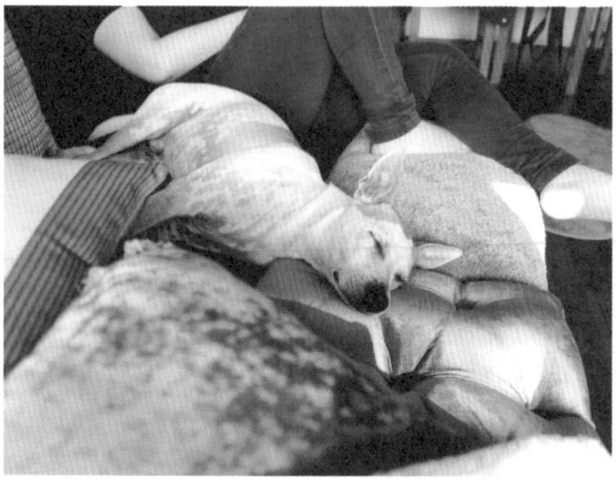

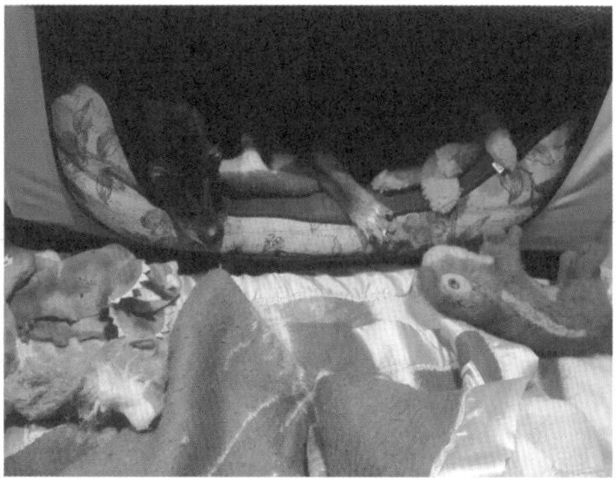

2 | 1　1. 佈置隱密的狗窩，記得不用將門鎖上，讓狗狗可以自由進出。2. 沙發既軟又有高度是狗狗心中的休息首選。

練習｜狗狗的廁所哲學

狗狗大小便的問題常常讓主人抓狂。在牠剛到家裡時，前幾天很可能因為不適應環境不敢尿尿，又或者是到處都尿，這都很正常。先將環境佈置好，讓牠用自己的步調慢慢適應，接受牠尿在各個不同的位置，別急著下定論，不用發火唸牠，更無須憤怒或責罵處罰，在這階段只需心平氣和地清理，這能幫助你們建立對彼此的信任感。等過了一段時間，你會發現狗狗上廁所的次數，隨著牠的適應狀態開始有了固定模式，上廁所不會再是你們的生活難事。

家裡哪個地方最適合大小便？

「考考你，你覺得陽台跟廁所，狗狗比較想在哪個地方上廁所？」狗狗上廁所的需求其實和人類很像，不過，上廁所的行為就不太一樣，如果能選擇，牠們會選離自己的床（狗窩）或飯碗遠一點的地方，而且最好那個位置是不會讓尿沾到自己的腳，還有什麼呢？一個不會晃，很穩的位置。

多數主人都會經歷「上廁所」的練習，大多是因上班時間過長，狗狗往往在家裡待超過十小時，這段時間通常會有一到三泡尿的需求。如果你家的「廁所」設置不良，有可能會導致狗狗憋尿或減少喝水量，進而影響健康。因此安排一個符合狗狗需求的廁所，自然能幫助牠快速學習「我們所希望」的上廁所習慣。

我很喜歡《唐拔博士的養狗必修九堂課》一書所教導的概念，他將家裡劃分為生活區及大小便區，所謂的生活區是指平常會走動，用來吃飯、活動、睡覺及玩耍的地方；而通風良好、少走動的地方，則適合用來作為大小便區。

對於成犬來說，只需要確保上廁所的路線是通暢的，就沒什麼大問題了。不過，對於還不太能有效控制膀胱，且生理作息較容易波動的幼犬來說，一天裡會有七至八泡以上的尿尿需要解決，因此我們需要將大小便區放在容易看見並能走到的地方，讓牠能方便且輕鬆地上廁所。

陽台與戶外最為接近，算是比較理想的廁所位置，但未必每個人家裡都有陽台，因此許多人都希望狗狗能在家裡的廁所大小便。那麼，我們就需要想想如何安排廁所內的氣氛與設置。

幫狗狗找出家中最適合上廁所的絕佳地點。

尿盆（墊）的大小、材質與位置

用來尿尿的配備（尿墊）很重要，除了要能吸收尿液以外，也要考量狗狗的身形和行為模式，多數狗狗會走一走、聞一聞、繞圈圈，接著大便尿尿。因此尿盆（尿墊）要夠大，範圍至少要是狗狗身長的兩倍。有時讓尿盆高於地面一點點，也會有助於牠進去大小便。要特別注意的是，我們為了方便清理，通常會將尿墊鋪在平滑的地面上，但這對狗狗的腳其實是很吃力的，尤其站上去時若尿布盆剛好滑動，除了嚇到狗狗外，因為腳無法站穩，長期下來也會影響健康。

有次上課時，主人說狗狗不知道在什麼狀況下，開始不願意到尿盆上尿尿，但狗狗願意在尿布盆附近尿尿。我們觀察了一下狗狗的趾甲，發現牠的趾甲很長，可能會卡到鋪在尿布盆上的防抓網。因此，將狗狗的尿墊換成大塊的，並在下方鋪設止滑墊，再幫牠修剪趾甲，重新複習尿尿的練習，而後狗狗在一段時間後，又能在尿盆上廁所了。

很多時候並不會都這麼順利，但我們可以嘗試更多不同的選擇及方法，找出最合適的地點與材質，像是利用人造草皮（塑膠製成方便清洗）鋪在尿盆（墊）的上方，尿會順著草皮往下，狗狗也不太會踩著一灘尿走出來，可以準備兩塊輪流清洗替換。也有些主人會在草皮旁邊放盆栽，甚至樹枝幹，增加狗狗在這個位置上廁所的意願，讓牠有更舒服的廁所。最後提醒大家如果狗狗願意在家裡上廁所，不代表不用出門散步尿尿哦！

尿尿與健康、行為之間的關聯

當你面對很多人的演講，或有重要報告要發表時，可能會因壓力變大而頻尿、胃酸增加或沒有胃口等等，這是身體面對壓力時而產生的機制，狗狗也會有類似的情況發生。

在狗狗年紀還小時，經常因情緒起伏比較大，容易興奮尿尿。我們見到的情境可能會是：當有客人時（不管來的是人還是狗），狗狗拼命尿尿，甚至尿在對方的包包上；或主人出門時，回家發現大門口附近非常多泡尿。可以觀察狗狗在哪些時機特別會頻繁地尿尿，也許是散步回來後，也有可能是你出門幾個小時牠留在家裡時，這些都是在告訴我們，牠對哪些事情的情緒起伏比較大，因壓力而變得頻尿。

這時希望你能刪除腦中牠到處尿環境髒亂的畫面，重新將焦點放在如何幫助牠面對該事件，因為這的確造成狗狗的壓力，而尿尿只是其中一個生理反應。如果想解決上述的問題，需從狗狗的社會化著手，增加牠處理各種不同事件的能力。

此外，狗狗尿尿的次數忽然增加或減少，除了行為外，首先要考慮的就是健康問題；而大便則與進食內容、腸胃及生活規律有關。可以在平常做觀察與紀錄，方便跟獸醫討論，了解狗狗健康是否出了狀況。若健康無虞，狗狗也開始適應你的環境，你可能會觀察到牠有一些固定模式，例如：吃飽後就會去尿尿，有些狗狗是起床的那一刻就需要尿尿。

公狗（特別是從幼犬開始養）可能就會遇到狗狗從蹲著尿變成站著尿，有許多年輕公狗會有一段時間在家裡抬腳尿尿，這點我也不清楚為什麼，但可以把它當作狗狗練習在外頭尿尿的技巧，順利＊打卡，這算是牠們的日常工作了。

另外，有的主人會擔心狗狗若已習慣在外面上廁所，那下雨天該怎麼辦？如果狗狗能選擇，當然非常希望遠離家裡的空間尿尿，考量到這一點，我們也需要學習接受狗狗的意願。折衷方式是在平日提供上述合適的廁所環境，狗狗至少不用憋尿；等雨小一點，再帶牠（穿雨衣）出去上廁所。

NOTE

當狗狗嗅聞到其他狗的氣味或尿味時，會在該位置撒一泡尿，我稱為打卡，是到此一遊的概念，並非佔地盤。

愛吃是狗狗的天性

吃飯的內容非常重要，除了維持狗狗的健康，更能讓牠擁有身心良好的狀態來學習與你一起的生活。無論是鮮食還生食，我自己在準備餐點給狗狗吃的時候，發覺最大的好處是在自己身上，原本我很習慣也很喜歡外食，但後來也因此開始為自己準備多樣化的食物。畢竟給狗狗吃的這麼新鮮，但轉身去買一包鹹酥雞當晚餐，是有那麼一點矛盾。而在這過程中，我越來越了解各種食材，當季的蔬果有哪些，在哪個市場買會比較新鮮便宜等。

狗狗的正餐該吃什麼？

一般狗狗的正餐提供方式如飼料、鮮食與生食，與大家分享我所了解的部份與經驗。大家最不陌生的應該就是飼料了，飼料在每一年都會增加新的廠商或上市新的口味，飼料的出現讓大家飼養更為便利，加上品牌眾多競爭激烈，廠商也更加認真去研發以及為自己的品質把關。更有廠商標榜加入種類豐富的食材來做變化，提供更為均衡的營養，從經濟實惠到高單價的選擇都有。聽起來只要給飼料，就不用擔心太多，但無形中也少了機會去了解狗狗健康層面的相關議題。

既然飼料是由天然食材所製成，可以就此多了解哪些食物對狗狗有好處，特別是牠這麼愛吃，吃是牠狗生中的大事，若我們知道哪些食材可以輕鬆製成美味食物，我想將合適的食物加入訓練裡，也能一舉數得。

鮮食指的是烹煮過的食物，為狗狗準備新鮮的食材，給予合適比例的蛋白質、澱粉、健康的油脂到蔬菜等，烹煮過後再提供給狗狗當主食。時間允許的話，可以現煮每一餐，或是一次煮三至七天份、一個月份等。除了今、明天以外，其他天的份量可分裝冷凍，等要吃的時候再拿出來。

生食有別於鮮食，是指沒烹煮過的食物，所提供的食材多為肉、內臟、一些骨頭以及可有可無的少部份蔬菜。推崇給狗狗吃生食的主人或部份獸醫考量的是，狗狗原始生活可能的進食狀況，獵捕後吃下肚的當然是生的，因此他們相信若提供最貼切原本狗狗會進食的食物，狗狗的身體會更容易吸收裡面所含有的營養。

方便供餐的美味冰塊磚

利用製冰盒*可以在製作鮮食時，省下許多麻煩。簡單挑選一種蔬菜或蛋白質，如地瓜、花椰菜或雞胸肉都是入門的很好選擇。水煮後切成小塊，分裝在製冰盒中，要吃時，再拿出所需的份量加熱放涼。

另外，若有訓練的需求，可在準備蔬菜時，加入數塊雞肉等不同蛋白質的肉類，煮熟後將肉撈出，剩下的湯與青菜分裝至製冰盒。瀝乾雞肉的水份後，分裝在另一個盒子裡，需要使用時，可用烤箱或鍋子乾炒一下。我自己備有的鮮食冰磚有：生雞肝／雞心等動物內臟、訓練肉塊、蔬菜冰塊、地瓜冰塊、蘋果冰塊、蔓越莓冰塊、椰子油冰塊等。

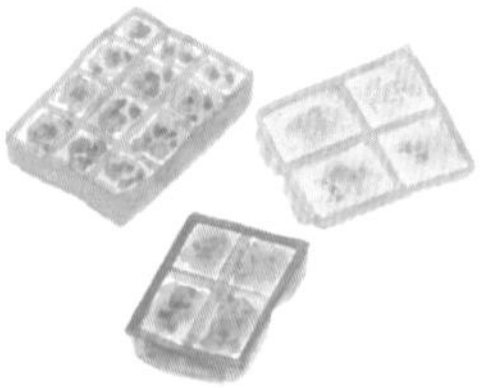

NOTE

目前市面上的製冰盒（副食品冷凍分裝盒）款式有很多種不同的選擇，可依你的鮮食製作需求選購。

提供生食或鮮食，狗狗會不會開始挑食？

大家比較容易擔憂的是提供生食或鮮食，狗狗的營養是否均衡？確實在上課時，我留意到了兩個問題，第一是有些主人準備的食物過於單調，甚至不知道狗狗需要吃多少蛋白質或纖維等等，第二在狗狗腸胃穩定以前，嘗試太多種不同的食物，結果狗狗的腸胃無法消化吸收，在這些狀況下，狗狗反而沒有得到足夠的營養而影響健康，若是狗狗的身體狀態不穩定，這更會影響訓練。

另外，也有一部分的主人擔心提供飼料以外的食物可能造成行為問題，例如：吃生食的狗會比較有獸性或者比較兇，引起狗狗行為上的偏差，變得更有攻擊性，不過在我的經驗裡，所謂的獸性或者兇，若指的是狗狗的攻擊問題，這與吃生食無關。攻擊問題的背後，需要思考的是狗狗的健康、安全感、當下的處境和社會化經驗，以及狗狗面對該狀況覺得是否需要「反擊或自衛」有絕對的關係。

也有人說一旦吃了鮮食或生食，狗狗就會開始挑食了，這是常見的誤解。許多狗狗很少有機會吃到新鮮或味道更好的食物，當然在好吃與不好吃的食物上會選擇好吃的，我們不也是這樣？提供多樣化的食物，本應就是照顧一個生命個體所需的。就我的觀察，以鮮食、生食或添加新鮮食材到飼料中作為主食的狗學生中，牠們的胃口以及對各種食物的接受度都滿好的。

食物與行為之間的關聯

二〇〇五年一份由美國普渡大學（Purdue University）用一百七十五隻蘇格蘭梗犬的正餐來做調整的研究結果顯示，在牠們以市售乾糧為主食的每日正餐中，加入部份新鮮蔬菜後，可預防或減少膀胱癌的發生率。因此，我們可以想想，提供狗狗單純乾飼料作為主食，是否為目前唯一最好的選擇？

在你有把握嘗試鮮食或生食以前，我建議以飼料為主食的主人，可以定期二至三個月就更換一次飼料的品牌（非口味而已），並且簡單加入少量的新鮮食物。目前市面上也有許多鮮食的相關書籍，可以讓你對於食材更加了解。

我的立場為鼓勵主人多幫狗狗準備新鮮的食物，無論是鮮食或是生食，都希望你花一些時間做功課，了解哪些食物可以給狗狗吃，我相信若是狗狗和我們一樣能夠吃到新鮮的食物，相對地也能攝取到最貼切及新鮮的營養。一起和狗狗吃新鮮食物，減少因為過度加工烹煮的食物帶給身體的負擔，一起養生慢活再好不過。

二〇一七年，我和訓練師同好邀請了愛爾蘭的科納・布萊迪（Conor Brady）博士來台灣開辦了犬隻營養講座，布萊迪博士擁有愛爾蘭都柏林大學學院的動物科學博士學位，他的論文主題是在研究哺乳類動物消化系統與其行為相關的結果，他也曾經是導盲犬訓練師，在澳洲的導盲犬訓練機構任職時，觀察到狗狗的皮膚及腸胃有許多問題，因而開始鑽研狗狗的主食。他的經驗是比較吃鮮食與吃飼料的狗狗，發現以鮮食為主食的狗狗，更能專注也較容易被訓練。

狗狗如果在健康上有許多狀況，像是經常拉肚子、皮膚癢，甚至耳朵發炎影響睡眠休息品質，抵抗力自然會下降，這會讓牠長期處於不舒服的狀態，狗狗可能變得易怒或者更加敏感，對於環境調適力差，接著，可能就演變成我們見到的不給摸、摸一摸會咬人，或是在睡覺時，聽見聲音便會衝出來吠叫等問題行為（當然這不一定全都是健康出問題），只是在訓練上，健康是我們可以立即自我檢查後，先排除的因素。

「好的食物帶來健康，同時也會帶來好的行為。」

不管是哪一種方式的正餐，除了參考包裝背後的份量指示外，也建議大家評估自己狗狗的年紀及活動量來做調整。若是你擁有一隻正在成長的德國狼犬（幼犬），給了建議的量，卻發現狗狗只長骨架不長肉，那牠的代謝速度及熱量消耗可能就比你想像中的多，就需要再加入少量的食物。每過一陣子，依狗狗的身材來檢視，若有開始長肉，這便是牠目前所處生長階段的正餐量。

最後，過度飢餓是很可怕的事情，我遇過幾隻狗狗因為太餓，經常吃不飽，後來面對食物變得容易激動焦慮，進而出現資源保護的問題行為。因此，我絕對不推薦主人使用餓狗狗的方式來進行任何訓練。健康、營養與行為息息相關，在嘗試給狗狗各種食物以前，記得請先與你的獸醫討論。

零食是生活樂趣的來源

零食是狗狗生活中的重要樂趣。市售的各種零食中，我偏好高蛋白質的肉塊或烘乾內臟，它們都帶有人類無法欣賞但是狗狗很愛的味道。狗狗是嗅覺取向的動物，味道強烈（未必好吃）的食物，比較能引起牠們的興趣及動機來進行訓練或活動，所以我很喜歡找不同的寵物手作鮮食店家，購買各種不同的狗零食來為訓練做變化，也提供給狗狗嚐鮮的機會。

不過要特別注意，我曾遇到主人因為狗狗不愛吃飼料，將剪碎的潔牙骨及紅色粉狀的小零食作為牠的正餐，這就本末倒置了。若零食餵太多，狗狗可能會出現營養不均衡或挑食的狀況，長久下來會對健康造成很大的影響，強烈建議大家好好研究如何準備主食／正餐。

那該給什麼樣的零食？份量又該給多少？原則上，和人類一樣，添加物越少越好，盡量給予原始食物。份量上，假設狗狗的正餐量是你一個拳頭的大小，那零食份量應該會是大拇指的體積，以此類推。如果擔心狗狗吃太多零食不健康，也可考慮將一部分的正餐拿來作為訓練用，可能是一部分的肉，若你的狗狗不排斥吃蔬果（南瓜、地瓜或胡蘿蔔），也能拿來作為訓練用。除了購買現成的零食，也可以考慮利用前面提到的肉丁，水煮完切丁乾炒，去除表面上的水份，方便保存及加熱回溫後做訓練使用。

零食盡量以原始食物為主，可利用食物烘乾機自製肉乾給狗狗。

練習1 合適的啃咬物件

我們常擔心狗狗咬到不該咬的東西，像是沙發、電源線並讓自己受傷。啃咬是狗狗天生的行為，當牠捕到獵物的時候，會用牙齒固定住／銜住，撕裂獸皮、咀嚼、咬碎骨頭。

不過，在變成寵物犬後，大部分的主人只給飼料，食物來源過於單調，可以想見狗狗的牙齒沒有被好好地使用，因而失去紓壓的管道，無處發洩的壓力，轉而造成更多問題，像是過度吠叫或啃咬自己的身體。反過來想，何不提供狗狗我們認可的啃咬物件呢？

市面上有也多款所謂的抗憂鬱玩具，通常都是有彈性的橡膠材質，可將零食放在裡面，狗狗會賣力啃咬或丟甩，嘗試各種方式得到裡面的食物。這確實是不錯的選擇，但這只是一百個選擇裡的其中一個，而且狗狗對它的熱度，往往只維持在前二次，之後就沒有挑戰性或失去新鮮感。另外，帶有香氣的堅硬起司棒或烘乾骨頭非常耐咬，但需特別注意在啃咬的過程中是否會損壞狗狗的牙齒。

主動提供合適的啃咬活動

適合狗狗啃咬物件原則有三點，分別是食物、材質與變化。我推薦的啃咬物件是把要汰換的衣服、褲子、襪子、被單或紙盒、罐子、泡泡紙等與香噴噴的食物做結合。狗狗在啃咬拆解的過程中，牙齒會與衣服摩擦，如同刷牙，牠也可使用到牙齒該有的撕裂、咀嚼、銜住等動作。

其中「變化」經常讓主人傷透腦筋，狗狗或許比我們還有創意，因此沒有做到「變化」，牠便可能在家挖掘找尋各式物件啃咬。建議利用休假，提醒自己重新更換一批新的物件，我有一個學生，她準備了一個置物箱，用來蒐集可以啃咬或包裝零食的物件，這是非常好的方法！

特別注意在準備時，可先移除太小的零件，如鈕扣，多數狗狗不會刻意吞鈕扣，因為牠們很清楚目標是零食，但是移除小零件可以降低我們不必要的擔心。另外，有些人會擔心牠在這過程中，吃下細小的碎布怎麼辦？一般如果你挑選的材質是棉質或牛仔布，大致上都能跟著狗狗的大便消化出來，需小心的是玩具娃娃裡面的填充物，多為聚酯纖維，如果牠習慣吞食異物，就得移除這類型的物件，減少吞食的可能。

狗狗每天都有「啃咬活動」是最為理想的，因為啃咬可讓牠舒壓發洩，建議在出門前，佈置好家裡的環境，設計幾個啃咬物件，分別放在牠容易取得的地方，讓長時間在家的牠有事可消磨，便能減少牠咬壞我們不希望的東西。

生骨頭也是啃咬的選項

我自己也會經常提供的啃咬選項是生的帶肉骨頭，生的骨頭相較於熟骨頭，帶有水分及彈性，也較為安全及容易消化，若你願意給狗狗嚐試，可參考下列原則。你會需要了解狗狗的體型及啃咬方式，再來幫牠選擇合適的骨頭大小，有些部份的骨頭，例如：牛、羊、豬的四肢骨頭為負重骨，就不太適合讓狗狗啃咬。此外，帶肉的骨頭會比不帶肉的大骨來的安全，因為牠可以撕裂上面的肉來吃。

我養的兩隻狗剛好是不同的代表，糖是中型犬台灣土狗米克斯，牠只喜歡吃肉，因此當我給的生骨頭肉是比較少的，牠會啃完上面的肉與軟骨後，就不吃那根骨頭了。

不過，另一隻狗 Wren 是大型拉布拉多獵犬，牠此生就是為了嘗遍所有食物，所以當牠把肉啃完，就會開始認真啃大骨，吃乾抹淨絕不浪費。這麼一來，反而有傷害牙齒的可能，尤其牙痛在狗狗身上很不好被觀察出來，容易影響牠的生活品質。如果你的狗是屬於 Wren 這種，那麼，就得慎選各種啃咬的食物了。

提供食物與提供訓練給狗狗都一樣，只要有任何擔憂疑慮，就別輕易嘗試，關於生食、生骨頭這個部份需要多做些功課，可以先與獸醫討論。

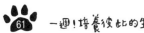

狗狗需要的睡眠時間比你想像中的多

我們很常聽到「狗狗都不累」或「牠平常在家都睡一整天」，對狗狗所需的睡眠毫無概念。然而，想要擁有好品質的生活，睡眠是很重要的一環，這也是狗狗常被誤會的狗生大事。由於野犬在野外求生是需要耗費許多心力及體力在找食物上，因此牠也不太會將體力浪費在無謂的事情，而是會把時間用在休息與睡覺。與人類一起生活的狗狗，不太需要花心思在找食物，也因為沒有太多自由及選擇，有時常會看到瞎忙的狗狗（無事可做），在家裡搗蛋或衍生出其它的問題。

當狗狗該睡覺而沒睡時，你很快就會見到一隻「累過頭」，而展現「不累」的狗狗，因為體力還在，但已經沒了腦力，開始不太能控制自己，變得躁動不安，你們的相處，也會漸漸開始失控。可能第一天順利在報紙上尿尿，但到第二天只剩七成，第三天剩一成；或是第一天乖乖地待在人的旁邊，但過了一個禮拜後，狗狗對於外在的變化越來越敏感，也許是家人走進廁所關上門，牠就衝過去吠叫，這時你可能會懷疑難道牠不認得家人？剛不是才從牠眼前經過嗎？

其中又以幼犬更容易有這些情況，我們從訓練師吐蕊．魯格斯的經驗了解到，幼犬一天所需的睡眠時間為十四至十八個小時，若沒足夠睡眠，牠們可能會瘋狂啃咬人、動來動去、很難停下來休息。當然某種程度來說，這是正常幼犬會有的行為，不過，為牠建立良好作息，你會發現牠還有能力和腦力做一些其他的學習。

此外，在狗狗剛來到家裡時，我們很期待跟牠立即有良好的互動，卻因此忽略牠其實需要休息與睡眠這件事，在腦子跟身體過度運作的情況下，便會產生健康或行為上的問題。記得每當身體受到不同的壓力時，會需要好好的休息，睡覺可以幫助牠調適得更好，或者說睡覺能修復身體，不論是生理、心理或腦袋，這在人類身上也一樣適用。

一起生活的第一週簡單就好，放一些能讓環境豐富化的東西，讓狗狗依照自己的步調去探索，其它時間讓牠在家培養睡意。我們可以把動作放得更慢，維持狗狗睡眠的品質，一天一天的睡好，牠每天就有能力去學習、慢慢進步或是挑戰難一點點的事情。

許多狗狗喜歡睡在有主人味道的東西上面。

有時訓練師的進修課程經常會需要帶著狗一起參與，我的狗狗可能會連續好幾天都得比平常更早起，跟著我一起從早上九點上到下午五點，在這期間牠還得與其他的狗和同學共處，輪流做練習……等。我知道在這些非常態性的事件下，會讓牠格外疲憊，所以在進修課程結束後的一週，會把課表排鬆一點，減少不必要的外務如聚餐或聚會，除了常態散步外，我會待在家裡做些簡單的靜態活動，讓牠們能好好休息睡覺。

另外，也有主人曾詢問，像是遇到不友善的人類、外面放鞭炮、外宿或走失被找回來等情形，讓狗狗一時之間承受過大的壓力，我都會建議「那就睡覺吧！靜靜地陪牠休息，狗狗在這非常時期有你的支持、陪伴與包容，便能慢慢地自我恢復。」

狗狗是社交睡眠的動物，也就是說牠們喜歡睡覺時周圍有同伴，不一定要靠緊緊，但仍希望同伴在附近。如果你不是淺眠或睡眠容易受影響的人，不妨試試看和狗狗一起睡覺。

調配人與狗狗的生活作息時間

養狗最辛苦就是一開始了，時間被佔走很大部份，出遊出差都要考慮誰能來幫忙，建議在平常多思考如何照顧及練習，才能避免造成更多的問題。若剛接狗狗回家，可利用週休假日，再多請假一至二天，陪牠適應新環境。你可能會擔心等到上班後，牠自己在家會不會不適應？很有可能，因此可以第一、二天待在家裡，安排少於半小時的外出時間，第三天起，安排半小時或一小時的外出時間，再慢慢拉長時間。在這幾週裡，盡量減少生活上的大變動，就能有多的時間協助狗狗養成生活習慣。若狗狗是從收容所認養來的，或是經歷了好幾個主人，你可能會發現牠很膽小。分享一段我在網路上看過的話：

「我剛抵達你的家，每件事情都很奇怪，我感到不太自在；如果我沒有睡在你買的狗窩上，請別不耐煩，昨日我還睡在冰冷的水泥地上；當我快速吞了食物，請別感到驚訝，昨日我必須這麼做才能生存下來；當我尿在你的地板上，請別生氣，昨日我這麼做的時候，是沒關係的；當你釋出善意的手靠過來時，我感到害怕，請別沮喪，昨日我還沒有這樣的機會。請對我多一些耐心。這是你的世界，但還不是我的世界。如果我信任你，我現我將會把我最珍貴的禮物交給你——我的心。請別忘記我曾經是一隻被監禁的狗，我現在需要的是一點點的調適時間。」

不管你的狗狗是從哪裡來的，都別忘記這是牠第一次來到你的家，同時還要學習這個家的新規則，建立新的作息，牠會需要時間來休息及適應。

每天、每週、每個月，固定為狗狗安排一些事情，並要求自己一定得做到。雖然一開始會很辛苦，可能常會忘記，不過，當這些鎖碎成為你的習慣，你會發現生活又回到穩定的步調。習慣養成自然能幫助狗狗能擁有規律的作息，讓牠身心處於穩定狀態，有更好的學習力、調適能力及抵抗力。

以上班族來說，下班到睡覺以前約有四到六個小時的時間，如何分配給狗狗和自己是非常重要的。若是休假日，可將作息表做二到三次的循環。把時間切成四等分的話，可以分為做家務雜事；留給家人；留給狗狗；留給自己。照顧狗狗的一個小時其實是瑣碎的時間加起來的，幫牠準備食物會是在家務雜事的分類裡。那麼究竟在狗狗的這一個小時裡要做些什麼呢？會是好好地外出散步，接著可以花少許的時間（約五分鐘）進行小小的訓練或遊戲活動。

狗狗能在這段時間學到的事有：外出散步可紓壓及進行社會化；室內活動得到樂趣及學習自處；與主人互動，可學習短時間專注，發揮訓練效果，並透過摸摸與人建立信任關係；最後，狗狗更需要好好休息，而非一直瞎忙，如果牠經常在家裡毛毛躁躁，情緒起伏很大等，除了可能有健康問題外，也可能是因為不知道如何幫助自己緩和下來。現在是第一週，確實執行，大概約一個月的時間，你就能收成了。

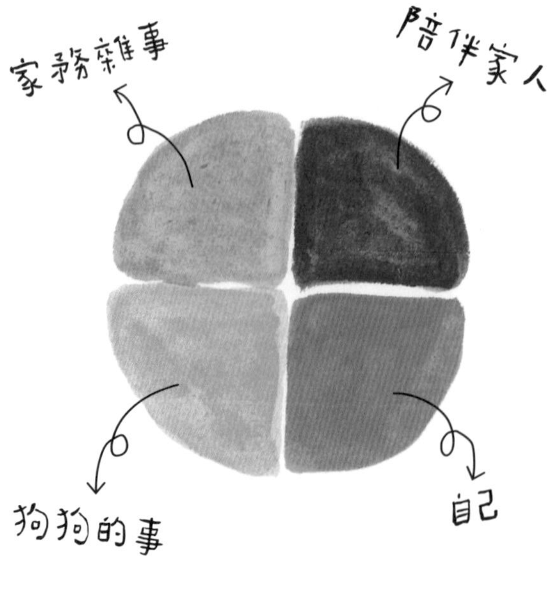

練習1 善用人的身體語言之吐蕊阿嬤手勢

肢體語言是雙方溝通最快速有效的方式，好比你在路上遇到問路的土耳其人，即使語言不同，但你們仍可透過肢體動作來進行溝通，像是哪個方向？停下來、等一下……。

狗狗善於解讀人類的表情及肢體動作，因此我們能利用肢體語言來與牠互動溝通。其中有一個可運用在很多生活狀況的必學手勢——吐蕊阿嬤手勢（由訓練師吐蕊．魯格斯提倡的教導方法，因為魯格斯女士是位老奶奶了，故稱這手勢為吐蕊阿嬤手勢），將手的手心面對狗狗，這手勢翻譯成人話，大概是說：「沒事，我來處理！」或「沒有你的事」。

例如：你正在講電話時，家人忽然有事情要跟你說，你因無法同時對話，可能會給家人一個手掌，手心朝著她，接著避開眼神，甚至身體微微側身，用肢體表現當下無法與她說話的狀態。手掌並非強制性禁止，而是透過肢體語言的帶動，自然地讓對方清楚意思。

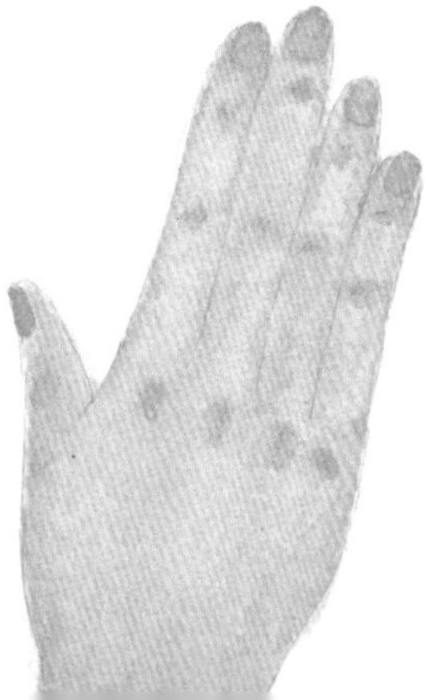

使用手勢的時機點

我們在一些常見的生活情境中，也能使用這個手勢與狗狗溝通。

乞食

比較常見的是我們在吃飯時，狗狗被香噴噴的飯菜吸引過來，我自己會餵食狗狗，但也設下清楚的規則。能吃的東西，會給牠吃。幫牠放個碗盤在地上，方便你放食物，這能降低狗狗撲跳的機會。

若這食物不適合，就給吐蕊阿嬤手勢，可將手心朝著狗狗維持一陣子，並且避開眼神交流，在吃完以前都不跟牠互動。如果持續跟牠說話或四目相接，看起來極像是在吊牠胃口，這其實是很難受的，透過經驗的累積，狗狗便可學會出現手勢就表示沒有食物了。

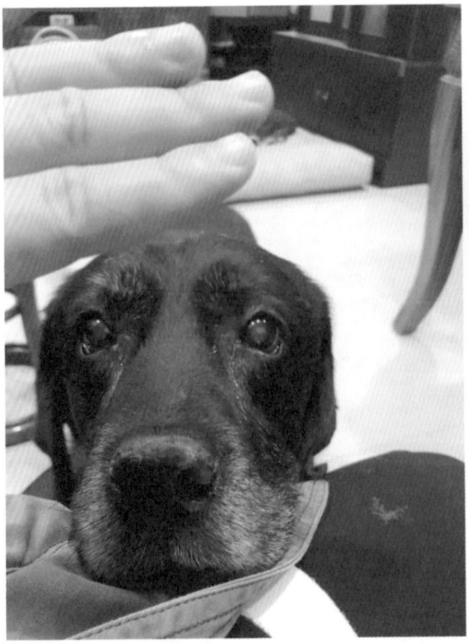

2 | 1

1. 這是在有食物出現或飯桌前，很常出現的景象。
2. 看到狗狗誠懇的眼神，又將下巴靠在腿上，真的很難防守啊！

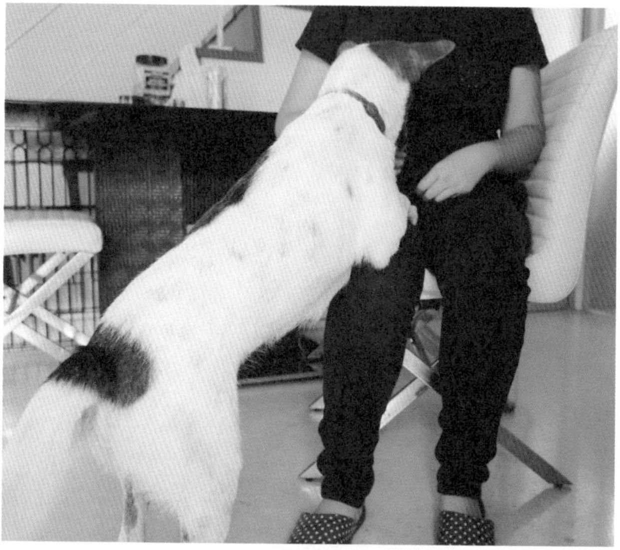

1/2 1. 狗狗有時為了吃太過興奮跳起來撲人。2. 保持冷靜、避開眼神接觸並給予手勢，一段時間狗狗就能自己冷靜下來。

門外聲響

你和狗狗待在家裡，外頭傳來鄰居說話的聲音，牠因此感到警戒向前查看。你可以將身體面向聲音或事件來源，將手心朝著狗狗，維持不動，直到鄰居聲音結束或者狗狗離開。每次都這麼做，你會發現狗狗明白這事由你來處理，不需要牠親自出馬。不過，這個手勢在狗狗單純警戒的狀況下，能有很好的成效；若是狗狗的吠叫聲還帶了其他許多問題（例如：很少出門、生活壓力、沒有太多的學習經驗），效果就會不好，此時狗狗一旦開始叫了，便很難停止。

送貨人員、郵差

當狗狗聽到送貨人員的貨車抵達聲時，會警戒或吠叫，請聽到貨車聲音後立即起身，身體面對外頭，手心給狗狗，如果需要處理包裹，可請其他人先處理，至少站一會給予手勢。經過一陣子，狗狗就能知道牠不需要多管這些事情，因為你會出面解決。

門口有動靜，給予手勢，告訴狗狗這我來處理就好。

狗被綁在門口或遇到流浪狗

當你經過有狗在門口的住家或遇到流浪狗，你可以和緩地伸出手給予手勢，繼續朝你要的方向前進，這樣可以讓狗狗了解你表達沒事的訊息，不會更加靠近他；如果你有牽著狗狗的話，除了手勢外，再加入走路繞半圈拉開距離，更能減緩這兩隻狗狗的壓力。

見到流浪狗趴著休息，我不想驚動牠們，因此在經過時，我輕輕伸出手，並且緩慢行走，直到經過以後。

無法選擇所處之地、被限制的自由所產生的壓力

被綁住的狗中又以伴隨著吠叫最為常見，為什麼牠需要這麼（強烈）表達呢？

因為狗狗的行動是被限制住的，沒有足夠可以離開或逃走的空間，所以牠只好非常激動地用盡全力地大叫，甚至邊叫邊跳或轉圈向你表示「別過來」。此時，你的狗狗同樣也能感受到牠的壓力，跟著激動起來。而且在這個狀態下，牠也看不見你給的手勢了，因此請提早繞一個大半圈，能為這兩隻狗狗增加彼此的距離，減緩壓力。或許你的狗狗並不會特別激動，但請考量那隻不自由的狗狗，為牠減少一點壓力，是我們能夠做到也該做的事。

我也要特別宣導這情境並不適合用來做社交練習，因為大部分的狗狗都是會警戒防衛，我們（或帶著狗）也不能朝著在防衛的狗狗走過去，這行為若放在人身上，看起來就像是在挑釁了。

一般遇到這些情境時，我們很常大聲遏止狗狗，甚至打罵，這不僅對事情沒有幫助，反而會讓牠產生不好的聯想，加深牠的不信任感或加倍討厭當下發生的人事物。在很多需要教導狗狗理解人類生活的情境下，給予手勢不會花上太多時間，制止、要求牠閉嘴不要叫，比較像是說給人聽，但狗狗根本不懂你在說什麼。狗狗開口吠叫，往往是因為「牠覺得有這麼做的理由」，只要在事情發生的那個當下，試著去了解「牠為什麼會這樣？」從結果回推整件事情的「原貌」，解決根本的原因（事情的源頭），我想會比直接要求牠「閉嘴」更為有效。

狗狗與其它家庭成員的互動方式

「從今天起，我們是家人」家人應該是相互包容與愛護。觀察狗狗與其他家庭成員的相處很有趣，有時狗狗對其它人的方式會跟主人（主要照顧者）不太一樣。如同我們面對不同的人事物，運用的方式也會有所不同，而每個事件也都需要獨立練習。

我自己通常不會要求其他家人對待狗狗的方式要一模一樣，是能接受些微的不同。例如，姐姐堅持大家吃飯時不能餵狗狗吃東西，但是阿公非常喜歡這麼做，如果狗狗因此喜歡阿公，那也很好，爺孫自有他們的相處樂趣。不過，我們能做的是提供健康的食物讓阿公餵狗狗，這樣不僅能顧及狗狗的健康，也沒忽略阿公想疼牠的心情。如果其他家人不餵食的話，可使用吐蕊阿嬤手勢。

接受其他家人跟狗的相處方式

介紹家庭成員給狗狗認識前，我們要先有的心理準備就是接受上述的類似情況——他們能有自己的相處之道。不過，若這裡面牽涉到狗狗的行為會困擾或影響家庭成員，或是牽涉到家庭成員期盼用處罰的方式來對待狗狗，那又是另一回事了。盡量以循循善誘的方式來協助家人與狗狗的相處，也能降低家人對狗狗的反感。

事先預告會發生的狀況

經常提醒家人，狗狗正在學習以及牠有進步的地方，尤其你會需要提前預告狗狗來到家裡時會出現的狀況，例如：在大家進門時吠叫，或牠只認得一個人。提供這些資訊能讓其它的家庭成員做好心理準備，能幫助他們了解狗狗正在經歷過渡期，有許多事情會漸漸好轉。

邀請家人一起參與

邀請媽媽一起帶狗狗去散步，不過一開始牽繩是在你手上，媽媽可以在這個過程中，輕鬆地觀察如何跟狗狗散步，以及需要留意哪些環境或事件；嗅聞遊戲是另一個簡單的樂趣，也許你能讓從沒機會養狗的另一半幫忙藏零食，一同觀察體驗牠的神奇鼻子。

劃分活動範圍

有位學生的外婆生病了，搬去與她同住，同行的還有照顧外婆的看護，狗狗對外婆的助行器非常不適應，晚上若聽到外婆在咳嗽，牠也會立即起身衝向門口吠叫。我們可以進行環境管理，讓他們彼此的活動空間不會重疊，並由主人陪狗狗觀察了解外婆、看護的起居生活約幾分鐘至一小時，接著讓狗狗做一場簡單的嗅聞，紓壓放鬆休息。

第一次見面，先用食物收買狗狗？

有些人會為求得好印象給見面禮（零食），該怎麼做比較好呢？其實初次見面就餵狗狗吃東西，有時反而會讓部份狗狗有額外的壓力。確實有些狗狗很好收買，吃過幾顆零食後，就馬上把對方列入親友名單了。不過，若你也試過但效果不好，別難過，可以想想可能的原因。

狗狗當下很想吃零食，卻又得擔心眼前的這個人，雖然牠們的表情看起來好像沒什麼變化，在你看來牠們可能都是吐著大大舌頭，張著大眼睛看著你（食物），不過就是不敢向前。這是由於狗狗還沒好好認識家人，就得承受這般熱情，這種情緒其實是很複雜的，大概就像三嬸婆逼你去吃相親飯局。我推薦的方式是先不牽涉任何食物，保持距離，陪著牠觀察其他家人做的事情，像是家人走路的速度、關門的力道、說話的方式……等等。狗狗腦袋在這些體驗後會感到疲憊，接下來牠會需要好好休息，當然你也是。

平常多為狗狗安排豐富化的環境，能幫助牠在面對陌生的人、事、物時，快速調適眼前的各種狀況。關於認識家庭成員，你可能還會遇到親朋好友來訪，後面會介紹相關練習原則，不過，目前請記得狗狗才剛到家裡沒多久，盡量讓牠慢慢地的適應，婉拒熱情友善朋友們的來訪，他們是可以等待的。

狗狗每天都要外出散步

我常想，要是家裡裝一道小狗門，很多所謂的問題行為都會減少，當然先別管馬路危險、毒餌等因素。想像狗狗送你出門上班後，牠也出門搭電梯，開始美好的一天。牠和牠的狗朋友在巷口碰面，一起聞聞走走，有時還能挖到寶（食物）。當牠覺得累了，就自己回家睡覺。牠可能不喜歡某一隻經常在便利商店附近遊晃的狗，不過沒關係，牠不想浪費力氣吵架，牠決定把時間花在更好玩的地方。

你下班回家後發現家裡很乾淨，沙發仍是完整的，也許你忘記收好的洋芋片會被牠吃掉。一起吃完晚餐後，牠陪你出門散步，你發現不再表現地像剛出獄的興奮樣子，因為牠隨時都能出門，牠早就摸熟家裡附近哪裡最享受、何時避開那戶特別討厭狗的鄰居，牽牠散步時，也不再暴衝，感覺輕鬆極了。

聽起來有道小狗門，好像再理想不過了！但於現實中，我們會擔心車潮、人為無法預期的危險，希望狗狗是安全的，在考量這些事情下，只好讓牠留在家裡。因此，我們要學著幫助狗狗在和我們一起出門時，能擁有好的社會化經驗，不需要過度反應，牠才能好好享受散步所帶來的樂趣，建議使用合適的胸背帶及三至五米的長牽繩，搭配良好的牽引技巧，讓牽繩保持在放鬆的狀態，會讓帶狗狗散步這件事輕鬆許多。

不合適的項圈、胸背帶與牽繩，可能會帶來健康與行為問題

項圈

常見有些人會將牽繩直接扣在項圈上，狗狗暴衝拉扯項圈刺激到喉嚨而停下來，這問題的解決方法在於需學會牽引技巧，而非一味透過施力與疼痛阻止牠往前衝。另一個常被誤解的是使用項圈，狗狗比較難掙脫，要注意的是長期使用項圈，可能會導致頸部受傷。反過來想想為什麼狗狗想掙脫？如果是害怕、恐懼等情緒，就得從社會化練習著手；若是散步完不想回家，則需視散步情況及品質進行調整，但絕不是把項圈拿來當作防止掙脫的藉口。

快套式胸背帶

如果狗狗屬於膽小緊張的類型，容易受外在環境影響，像是被車子、鐵門的聲音嚇到脫逃，那快套型胸背帶會更容易被掙脫掉，尤其像廟會或大型活動等，會有鞭炮、煙火，更該盡量避免帶狗狗去。

穿戴位置錯誤

若胸背帶穿戴位置錯誤，牽繩也不夠長，狗狗長期處於被加壓的狀態下，那牠可能會出現身體疼痛，如同人類，疼痛會改變行為。你可能會發現狗狗很排斥穿胸背，但不上胸背牽繩散步時，倒是行動自如、步態輕鬆，想想究竟是哪些事情影響牠決定？可能是一個牽繩技巧薄弱的主人、尺寸或設計不合的胸背帶、環境的不同等因素，試著調整每項變因，讓散步這件事變得快樂且輕鬆。

牽繩太短

對於使用短牽繩感到安心的主人，多數是擔心牽繩太長，狗狗可能會不小心跑到馬路上、距離別人太近，以及可能來不及反應任何意外事件等。如果你的狗狗經常用力拉你到這棵樹聞聞，再到下一根電線杆尿尿，那麼長牽繩自然能提供牠較大的空間範圍，輕鬆到達下一根電線杆，自然也就不太需要用力拉扯你了。我們需要學習增加自己的使用牽繩的能力，在合適的狀況下，提供狗狗最大的自由。

還有在遇到其他狗狗的時候，牠們會需要多一點的空間表達肢體語言或是拉開彼此的距離，若此時牽繩無法拉出有效的溝通距離，反而是間接加強牠們的壓力，造成雙方反應過度。因此，在當兩狗相會正在互動時，我會請主人往後站一些，慢慢放長手中的牽繩，讓牠們有空間好好緩衝及對話。牽繩不是用來限制，甚至是影響牠散步的品質，而是我們用來守護狗狗的安全。

在安全的狀況下，使用長牽繩可提供狗狗多一點的散步空間、嗅聞或表達肢體語言。

牽繩過於緊繃或太短，除了會影響狗狗的散步品質外，對彼此的身體也會造成疼痛或不適。

如何穿戴胸背帶

在幫狗狗穿胸背帶時，前段應落在牠胸前骨頭處而非喉嚨，連結胸腔的上、下背帶鬆緊程度，應要能讓你可以穿過二根手指頭的程度，且不能卡住腋下。簡單來說，穿上胸背帶的狗狗，肩頰骨在行走活動時，要有空間可以上下移動，想多瞭解的人可以搜尋比利時犬訓練師艾爾絲．維德斯（Els Vidts）的完整文宣介紹。

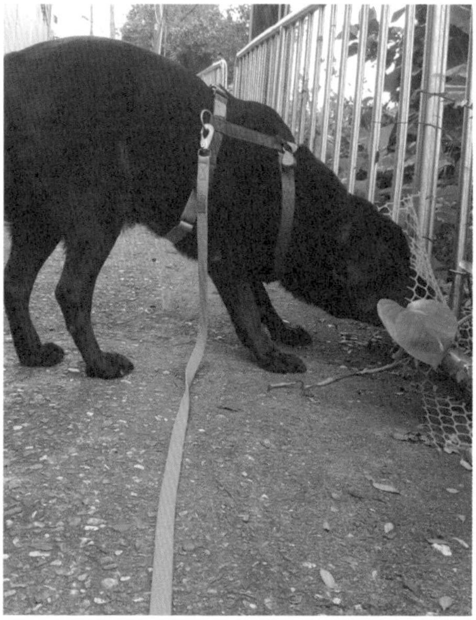

合適的胸背帶不會壓迫到肩頰骨且有足夠的活動空間，下背帶不可緊貼腋下，狗狗在走動時能輕鬆擺動前肢，在散步時牽繩大部份是放鬆呈現像「微笑」一樣的弧度。

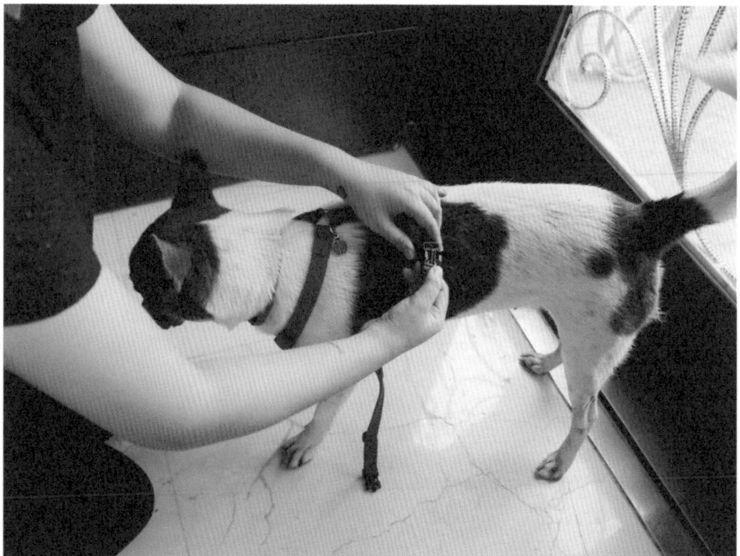

有些狗狗對扣環的「咔咔聲」較敏感，可以先用手按住降低聲響。

如何挑選牽繩款式、材質與長度

一般市面上容易買到的牽繩約為一點二至一點五公尺，不過，這長度並不適合用來帶狗狗散步，不管是小型犬或中大型犬都一樣。我認為比較理想牽繩長度為三至五公尺，你可以買現成的或是自己加工自製。

長牽繩的優點為能提供較大的走路空間，降低狗狗用暴衝方式到達目的地外，也能夠讓牠的身體有多一點的活動範圍，有機會伸展及鍛鍊各處的肌肉。

材質也相當重要，有些牽繩會在你的手滑過或拉扯時，摩擦皮膚造成破皮，因此手與牽繩的接觸面（寬度）積要大一點，不過，越寬的牽繩可能會過重不方便使用，這也要列入考量。圓身或扁身的牽繩則看個人喜好，我自己偏好扁身，因為當我希望狗狗停下時，將大拇指壓住牽繩比較方便。購買時，可一手摸著牽繩，另一手微微加速摩擦牽繩，了解手握的舒適程度，避免過硬的牽繩。

另外，扣環太重可能會讓狗狗背負的重量增加，小型犬需特別注意。若是使用伸縮牽繩，因為能夠快速收放，牽繩摩擦力較低，使用上可能會割到手需小心。

長牽繩可以讓狗狗自由的嗅聞，享受散步。

該怎麼牽狗狗散步呢？

我很喜歡吐蕊．魯格斯說過的一段話：「狗狗出門的時候被牽繩牽住，由我們決定走還不走，往哪裡走，若是你真的不要（以人的體重），多數狀況狗狗也無法拉動你。狗狗能去哪裡、要做什麼，大部分都是由我們來控制，那麼又何必擔心牠走在你的前方，就能做老大呢？」增加自己的牽繩使用技巧，便可大幅改善散步的狀況。

牽繩的握持方式

一隻手握住牽繩的握環，另一隻手用來控制讓牽繩的高度不落地，一般來說，垂掛的牽繩高度最好在狗狗的腋下左右，避免垂掛太低，狗狗容易與身體絆住。當狗狗離你近一點的時候，用來控制高度的那隻手，可以將多餘的牽繩收到握著握環的手。

有些時候因考量路人或狗狗的安全會需要將牽繩收短，但大部份我們在牽狗狗散步的時候，要盡量放長牽繩，保持放鬆狀態（牽繩跟人都是）。

若需要將牽繩縮短時，請確認一手有握住牽繩的握環，並將多餘的牽繩收握在手中，另一手用來負責停住或控制狗狗。

散步的步伐

練習一步一呼吸，當你這麼做時，會發現步伐可以穩定一些，避免被狗狗忽然拉扯時而跌倒。也有些狀況會是因為我們跟著狗狗一起加快，牠就變得更快速，重新練習慢慢走，幫牠緩和速度。

放寬視野

視線若僅放在前方一到二公尺，容易沒留意到路過的人可能會怕狗，因此常會在狗狗靠近人的時候，用力拉回；或是狗狗本身對其他的狗狗反應比較大，放寬視野能有多一點的反應時間，選擇從什麼方向離開或保持距離，也較好注意到路邊的樹或車輛，用來作為屏障，減少雙方人狗的衝突。

帶開狗狗的方式

以下幾種狀況，會讓你試圖拉走或帶走狗狗。例如：當牠走向一灘稀爛的大便或找到躲在車底的流浪貓，我們很常站在原地將狗狗拉回，而牠也在這樣的狀況下，學會用更大的力氣拉回去。

騎樓因為障礙物較多，左手可以縮短牽繩的長度來躲避行人或車輛，這時牽繩可能變緊，經過後，記得將牽繩放鬆到合適的長度。

牽繩圈數應調鬆，方便左右兩手控制長度。

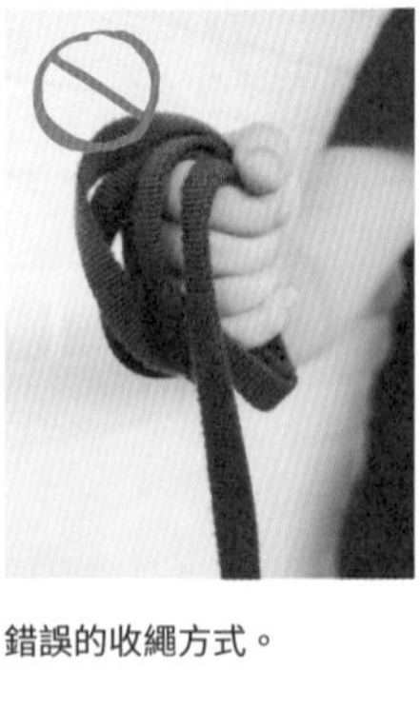

錯誤的收繩方式。

或是原本兩隻狗狗互相聞得好好地，但在你決定把狗狗拉走時，牠們忽然吵架，可能是因為牽繩瞬間緊繃，讓牠覺得緊張，而且當你的狗狗試圖往前拉的時候，也會讓對方狗狗覺得牠在用力往前撲，備受壓力。

理想方式為先縮短牽繩，轉身持續走，當狗狗跟上後，空間可以再將牽繩放長，這樣牠身上承受的拉力比較小，也能順利帶開。

若狗狗是能到處嗅聞的情況下，你會需要走到不同方向，先在原地等牠嗅聞完，再轉身朝著你要去的方向停頓一下，牠就會明白你要去的方向，自然就會跟上了。不過，若是不希望牠靠近大便的情況下，就不適合轉身站在原地等牠聞完，你會需要堅持往前走，直到距離足夠。

想要帶開狗狗時，可以轉身走幾步後，讓牠自己跟上。

狗

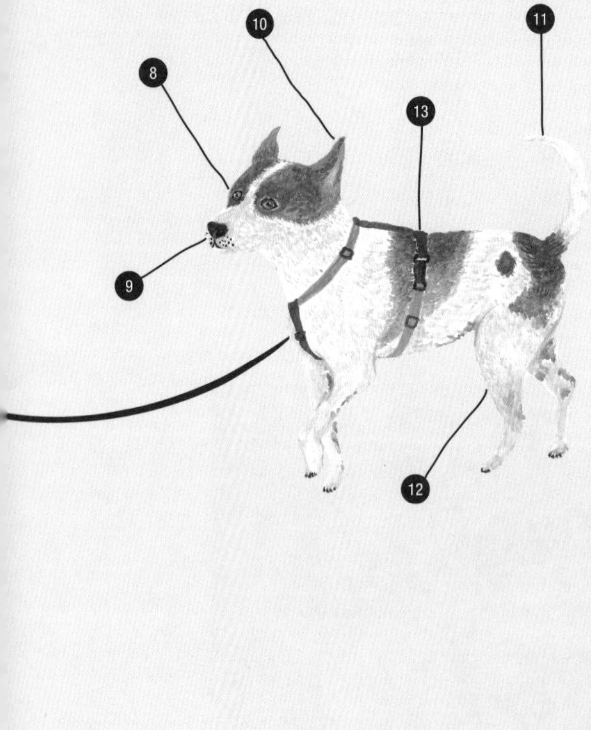

狗狗習慣先用眼睛看一下環境，再用鼻子做進一步的檢查與探索，有時會在某些環境，停下來不動持續用眼睛檢查環境。 8

鼻子用來蒐集資訊及細節，特別是好好地嗅聞能幫助狗狗放鬆與紓壓，也比較不會對環境過度反應。請讓牠好好使用鼻子！ 9

狗狗的耳朵有多種不同的情緒反應，也是留意觀察的指標。 10

狗狗對某些事情有興趣時，會抬起尾巴；沒有把握或擔憂時，尾巴會往下縮著，但我們不能單純只用尾巴來判定狀況，還需考量整體動作與臉上的表情。 11

膽子比較小或健康有狀況的狗狗，通常後肢較為敏感或僵硬，可注意步伐及動作。 12

合適的胸背帶能減少頸部的負擔。請留意下背帶過緊會影響散步，或前腳更加敏感。另外，可以在狗狗的脖子上掛防蚤項圈或者聯絡人資訊。 13

人

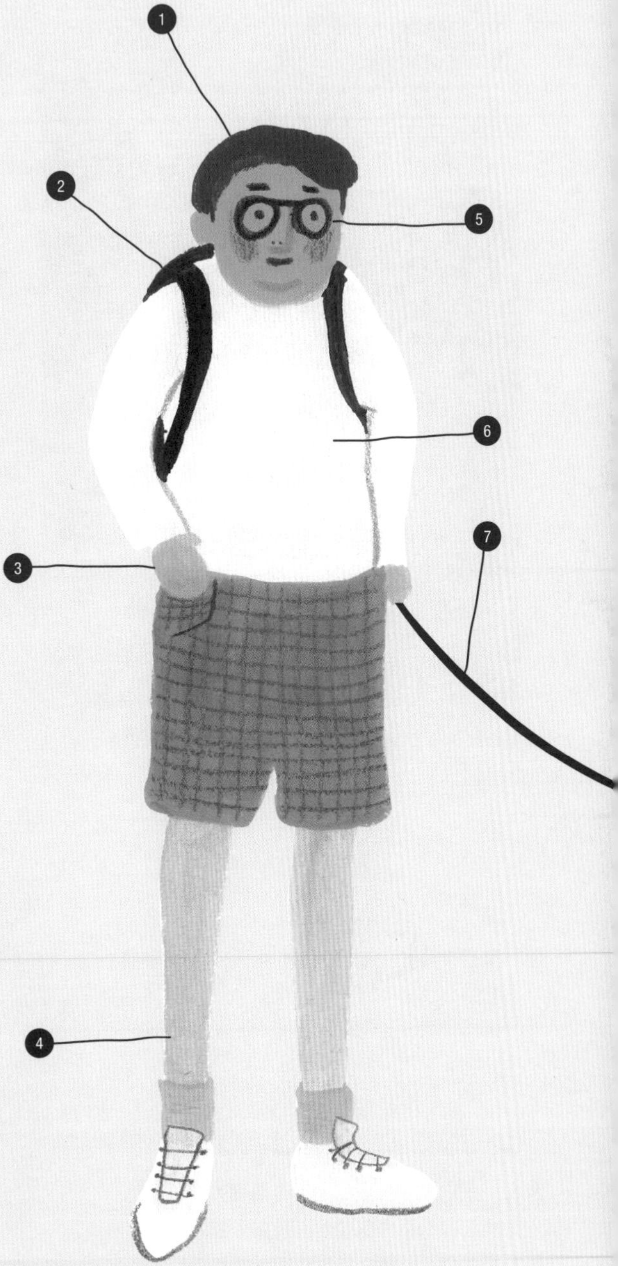

1. 腦袋要有意識目前正在帶狗狗散步。

2. 遛狗適合使用後背包或側背包，方便雙手控制牽繩。

3. 一手握著握環，一手扶著牽繩，維持牽繩最低處高於狗狗腋下，就可以避免牽繩絆到狗狗。

4. 保持一個呼吸走一步的步調，引導狗狗慢下來散步。

5. 視線察看十公尺以外的範圍，注意周遭可提早縮短牽繩，遠離危險或衝突。

6. 身體的正面在行進或停下來時，保持面對狗狗的後腦杓，可減少牽繩與身體打結，或是手得不停轉換。

7. 注意遛狗時，手上牽繩的鬆緊程度。

最後，狗狗走在你前面是沒關係的，請回頭複習一下狗老大的迷思。散步原則是考量健康、安全及品質。在散步的過程中，除了那被帶走的幾秒，大部分時間牠應該都要能盡情自在地走著，我們跟隨即可。如果去的地方得頻繁地拉扯或催促狗狗跟上，那就表示這地方不適合散步，而非執意停留。當狗狗在你的側邊停下來嗅聞時，你的身體可以稍微面向牠，這麼一來，當狗狗轉向的時候，比較能跟上，也可減少牠繞到另一側時，讓牽繩纏住你的身體。只要空間足夠，都能讓狗狗走遠一點，我想當你看認真做事時，應該不會希望旁邊有一個人貼近緊盯著你。

找到合適的地方一起散步，狗狗走在哪邊都不是問題。

NOTE

遛狗包

由於使用兩隻手來操作牽繩，遛狗包以斜背包或後背包為主，會比較方便。我會在遛狗包裡會放的物件有多餘的牽繩、一捲大便袋、狗零食、零錢、沖尿的水，水碗及飲用水則看出門的時間規劃。

陪狗狗從你家附近開始認識這個世界

你透過電話向朋友描述家裡附近的樣子，你覺得你可以講得多清楚呢？你越能仔細描述的話，越能了解狗狗需要認識的東西有多少。有時會遇到主人跟我說，他也很想帶狗狗去更遠的地方散步，不過，狗狗跨出家門不到幾公尺尿完後，就馬上衝回家了，怎樣也帶不出門。這很可惜，對吧？這世界可是好玩又有趣的。

也許你家大門打開右邊是鞋櫃，鞋櫃的對面是樓梯，正對門的鄰居離你家三公尺，他們家住了五個人，其中爸爸的工作需要值夜班，經常凌晨兩三點才回家，電梯叮一聲打開，接著，會樓下的紅貴賓就會叫好多聲，直到牠的主人叫牠閉嘴。

搭電梯時，可能會遇到五樓的鄰居阿姨，她非常討厭狗，但稱不上怕狗，因為她還是會進電梯，然後一直露出嫌棄的表情。八樓養了一隻邊境牧羊犬，每次下來一樓大廳，都會衝到警衛的桌上，企圖叼走任何東西。我想在狗狗來到你家之前，你應該都已經知道這些情況了。

你會在電梯裡面，同時遇到對狗不友善的五樓阿姨，八樓的邊境牧羊和主人，對了，偶爾還有你家對面的鄰居的小孩。此時，電梯裡的氣氛瞬間變得熱鬧，鄰居小孩喜歡在電梯門打開時學狗叫，五樓紅貴賓受不了大叫，邊境也跟著跳上跳下。雖然大廳的警衛先生對狗很友善，總是中氣十足地叫著每隻狗的名字，但不是每隻狗都買帳……等，還有很多很多。

當你帶著狗狗進入那部熱鬧的電梯，可以想見會遇到許多失控的狀況。如果你希望牠能好好認識這個世界，對於我們的生活環境感到安心，可以自在地走動，那麼從家裡附近開始幫牠學習認識這個世界，就是你的首要任務。

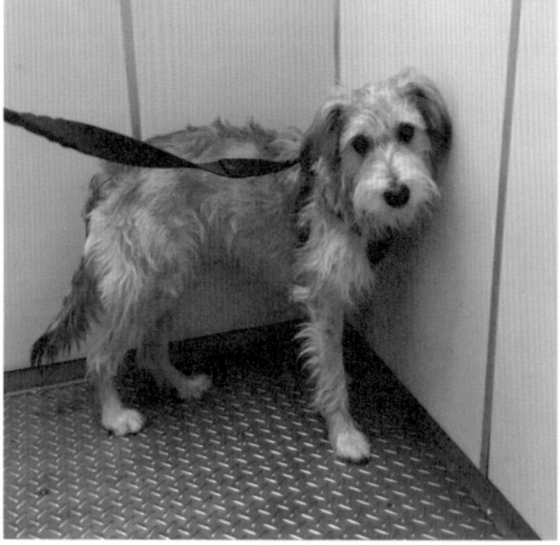

電梯因空間太小，人進人出常讓狗狗覺得很有壓迫感。

遇見鄰居與電梯裡的應對進退

大部分狗狗見到鄰居時會吠叫，通常是因為當門打開時，忽然看見人近距離出現在眼前，在這麼小的空間裡，狗狗會覺得鄰居進來的動作很有壓迫感，亦或是等搭電梯的你們，在門打開後，牠要被帶進這小空間跟陌生人共處。要是狗狗的社會化經驗還不夠，那就是在累積壓力，牠覺得緊張，警戒吠叫的機率自然會很高。當然也有少部份狗狗是對電梯或者大門以後要發生的事情，感到亢奮或緊張，例如：要經過轉角那一戶人家的狗狗，曾經衝出來和你的狗狗起衝突……等不同的狀況。

我們能做的是，帶狗狗走樓梯或避開大家搭電梯的尖峰時段（上下班或倒垃圾的時間），盡量不要讓你和狗狗遇到太多次無法掌控的狀況，當然也為了敦親睦鄰。也許你住在九樓，走樓梯也太讓人崩潰，若真的得搭電梯，可以選擇沒有人的時候搭乘，這是其中一個減少衝突與不好經驗的方式。這樣也能稍微減緩狗狗在電梯遇到人的緊張，因為我們是和別人擦身而過，而非越來越靠近。

問題行為有許多要考量的地方，需要了解所處環境、狗狗的實際行為、發生的頻率與時機……等，目前就以這狀況提供處理原則，但仍要宣導狗狗問題行為請找專業訓練師，不做功課只接收網路上的文字，並不是最好的選擇。

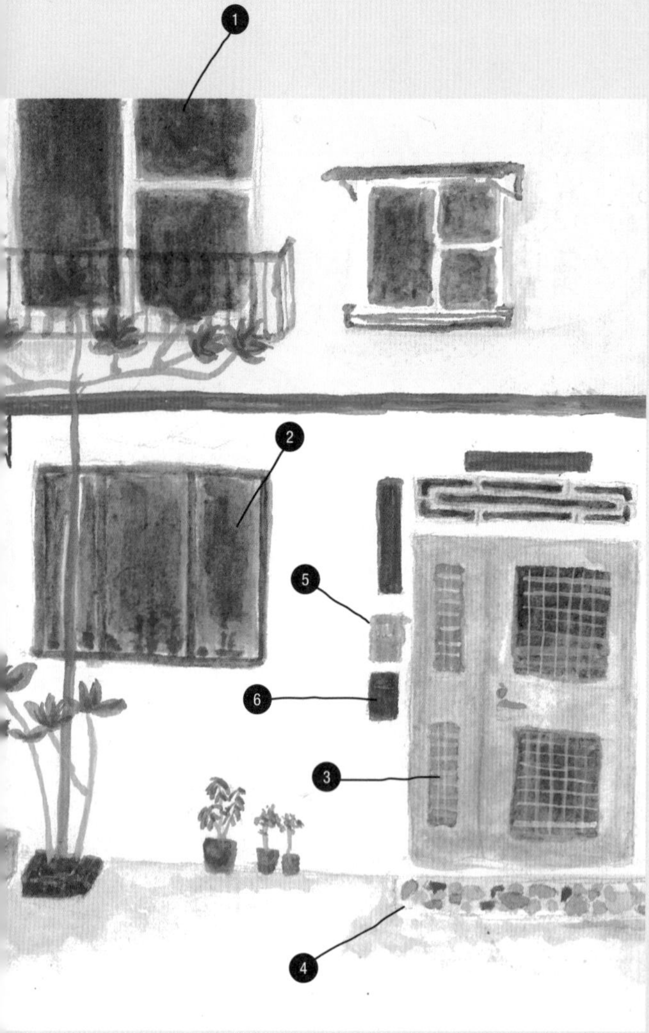

陽台窗邊可能會有盆栽或掛曬的衣服被風吹動。樓上的談話聲或炒菜聲。 ❶

一樓窗戶若朝向路邊，人狗可能在經過時，會相互對到眼。 ❷

鐵門關上的聲音，反光材質看會有不同的影像。或許經過某一戶時，裡面的狗會瘋狂激烈吠叫。 ❸

門前的台階地墊踩起來，和以前遇過的不同，也可能充斥著強烈氣味（例如清洗過的刺鼻清潔劑味）。 ❹

突如其來的門鈴聲、頻率高亢快速。 ❺

郵差送信或喊掛號的聲音，狗狗會為此警戒。 ❻

盆栽雖然有時候會有同類留下的氣味，但對某些狗狗來說，飄動的樹葉或陰影，看起來很詭異。 ❼

8 落地窗的光影折射、窗簾或門窗被拉動時，狗狗看不清楚時會覺得奇怪（膽小的狗可能會對此警戒吠叫）。

9 遮雨棚或飄揚的旗幟，對狗來說，在頭頂上的東西看起來有可能很可疑，有時是因為影子，有時是因為壓迫感。

10 高大的道路反光鏡或交通號誌，有時候也會讓狗狗覺得害怕。

11 狗狗通常會避開馬路上的金屬水溝蓋，因為踩上去的觸感奇怪，也會因為地面不平整，在車子開過去時發出奇怪聲響。

12 小朋友騎腳踏車或溜滑板，近距離快速地從旁邊通過，狗狗通常會被嚇到。

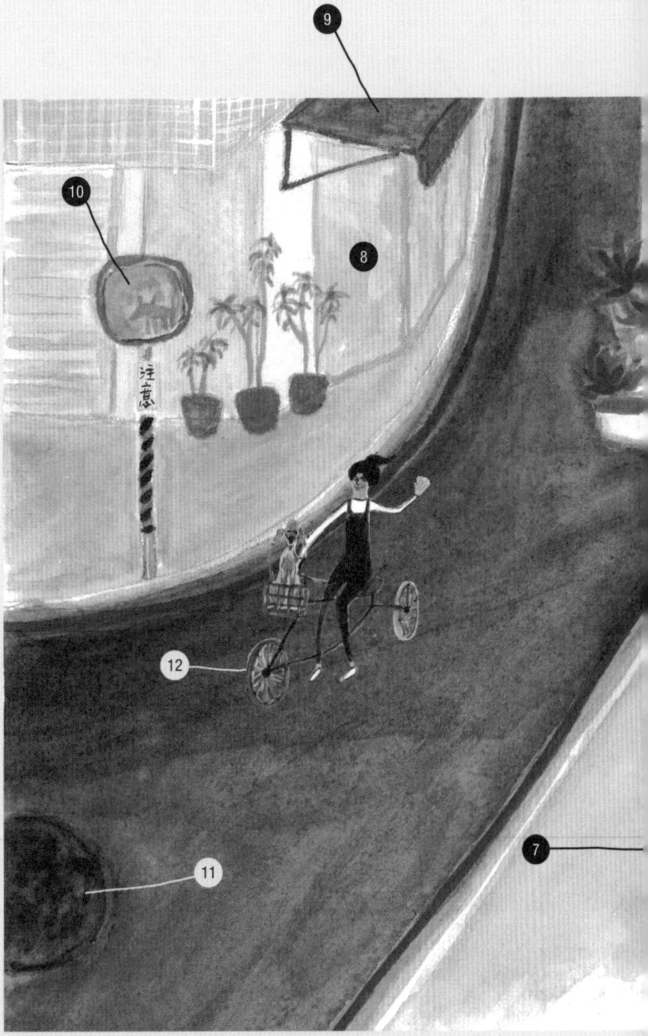

家裡之外的世界

在便利商店裡頭，聽到外頭一台重型機車呼嘯而過，你的感官花了一點時間接收這個聲音刺激，消化整理這個資訊，為何聽了就知道是重型機車？因為曾經看過它的外型連結出現時的聲音，或許有時候重機的聲音大的讓你覺得不舒服，不過，大部分你都能在那樣的狀況下自我平復。狗狗也需要類似的體驗練習，牠需要機會去了解這些生活事件，自己是否應付得來，當然也要留意這個機會是否會對牠造成過度的刺激。我們無法得知狗狗是如何看這個世界，答案只有牠知道，但我們能觀察到的是狗狗在路上經常對於過於刺激的視覺與聽覺感到緊張，像是移動過快、聲響過大的物體，或是合併上述相關的事物。每天安排一點時間陪牠出門走一小段路，不急著走遠，讓牠搞清楚家裡外頭是什麼樣子的非常重要。那該如何準備呢？

列出散步途中的特殊事件

列出從你家到能散步的空間／地點途中可能會有的特殊事件。或許不會每天散步都遇到，但這些事情有點特別，你需要多留意，例如上：討厭狗的鄰居、學狗叫的鄰居小孩等，可以想想如何保持距離或減少刺激。

散步途中的休息觀察地點

這段路程需有可以讓你和狗狗坐下來休息觀察的地點，盡量挑選二至三個可以稍作休息的地方，也許是路邊微微隆起的小石階。

觀察家裡附近的散步地點，會發生哪些事？

NOTE

剛接手狗狗的初期，可能因健康狀況不穩定，得經常到動物醫院，每次出門幾乎都是在看醫生，這會讓牠開始恐懼出門。除了看醫生的時候出門外，其它時間也可在家裡附近簡單走走，增加經驗值、坐下來停留一會，幫牠做點 TTouch（參考 242 頁）再回家。

散步途中筆記可以稍作休息的地方，與狗狗一起觀察。

陪狗狗了解附近的生活型態

帶狗狗花十到十五分鐘走一下，接著找個地方休息，了解人會從哪邊出現？例如：對面捷運站入口，每到晚上七點半就會出現很多人，或是早上七點半你帶狗狗出去散步時，會遇到在花園灑水澆花的鄰居。

狗狗感覺舒適的距離與位置

什麼距離／位置會讓狗狗比較自在待著住？什麼距離會讓牠一直想跑走？陪著牠將身體停下來，穩穩地觀察這個世界，挑選一個不擋路，也不會讓其他人打擾到你們的位置，坐下來五到十分鐘就好，或許在比較適應後，可以待更久，讓牠好好休息。

陪狗狗了解家裡附近的生活型態，
讓牠有機會學習自我平復調適心情。

Chapter 3

One Month! Getting Know About Dogs

一個月！觀察狗狗的模樣

摸摸─如何把手放在狗狗身上

當你將手伸出去碰到牠，你們的連結就開始了。摸摸是一門大學問，但我們經常不加思考地就將手放到牠們身上，不過，碰觸是建立彼此互動關係的開始，學好這一課，也能幫助到未來你需要帶牠一起進行的身體照護練習。先來了解哪些事情會讓牠容易感到緊張：

被拍頭

雖然很多人認為狗狗喜歡被拍頭，不過，更多時候是狗狗在忍耐。當你手伸過去時，狗狗出現安定訊號，可以觀察牠的表情，瞇著眼睛、脖子縮了一下，激烈一點的反應可能是在你伸手時，牠後退對著你吠，甚至是開咬。

摸的力道太大

因為狗狗的毛髮是毛茸茸的，看起來毫無殺傷力，有時候會被錯當做沒有神經的填充娃娃，被人用力地拍拍。

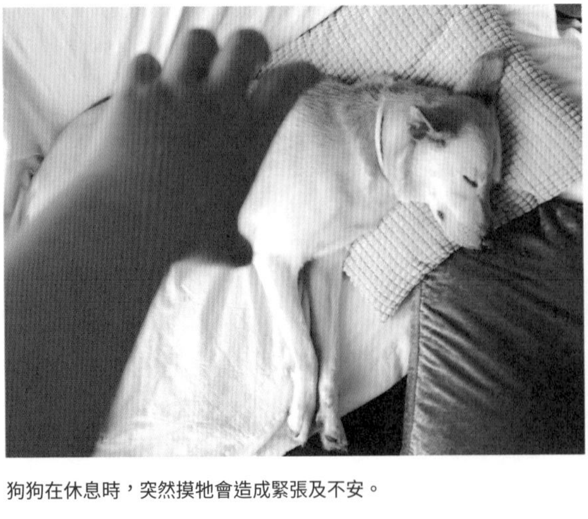

狗狗在休息時，突然摸牠會造成緊張及不安。

狗狗被拍頭時瞇眼睛。

摸的部位

這會依照狗狗是否有身體不適而變化，若是牠的後肢受過傷或因某些原因而疼痛，你會發現牠對於某些部位被摸時，反應比較大。例如：一隻髖關節發育不全的狗，可能對於摸後腳、尾巴甚至接近尾巴的背部都會感到介意或緊張。

摸太久

有些狗很享受被摸，但也有非常多狗不能接受被摸太久。在 TTouch 中，我們說身體細胞非常敏銳，當碰觸太久時，該部位的細胞資訊會不堪負荷，將摸這件事換到狗狗身上，可以想像感官比人更敏銳的牠，細胞的負荷的速度一定快上許多。因此有些狗狗會在被摸太久時，覺得接收到太多刺激想離開，有些幼犬更可能因此資訊超載，瘋狂跑來跑去，不斷咬東西或咬人。

摸的時機不對

當狗狗在吃飯、喝水、趴在那裡玩牠的玩具或啃咬東西的時候，你的接近與觸摸除了打擾了狗狗，更可能讓牠對於當下的狀況感到擔心而警戒，另一個很常發生的是當狗狗趴著休息或睡覺的時候，我們很想要表達關愛，也可能想要在睡前捧著牠的臉親親或對牠們唱晚安曲，不過，對在休息無法很快起身的狗狗來說，這麼做反而會讓牠更加緊張。

很多狗狗在休息時突然被摸，牠們的表情通常不是開心，而是被嚇到的。

怎麼摸狗狗比較好？

來測試一下，摸摸狗狗身體的某個部位三秒鐘，輕輕將手離開，停頓一下。如果狗狗想要你繼續摸，那麼牠可能會做下面其中一樣：看著你、身體重心傾向你或將身體更靠近你、用手撥撥你、用嘴巴碰碰你，甚至更有力氣頂你的手。

這是我很喜歡教主人的練習，藉此找到互動的方式，讓狗狗知道如何表達牠的需求，牠想要更多。我也遇過有趣的狗狗要主人摸的時候，會輕輕咬住主人的手腕往自己的方向轉。

但我們也要注意有時候狗狗會有抗拒的反應，例如：將該部位轉開迴避或者直接離開，有的狗狗是會溫和的舔舔你的手，可能是因為你的力道或手法讓牠不太舒服，也可能是該部位較為敏感。當然若是狗狗因此感到疼痛，或是擔心你摸完之後接下來的事情，牠可能會做出激烈的反應，像是低吼或開咬，那這就需要更多的學習來幫助狗狗了。

不過，無論如何，摸狗狗的原則，都需要從「短暫的時間」與「拿捏力道」開始。

拿捏力道

先以能輕輕移動狗狗皮膚的力道開始，再來增加或減少，或用手指幫狗狗搔搔癢。

短暫的時間

每次碰觸都是三秒，暫停一下，觀察狗狗的反應。

摸的面積

以二至三根手指的指腹面積開始。

被摸的反應

了解狗對於各個部位的反應，如頭頂、耳朵邊緣、眼睛周圍、鼻樑、下巴、肩膀、上下背部、大腿……等。

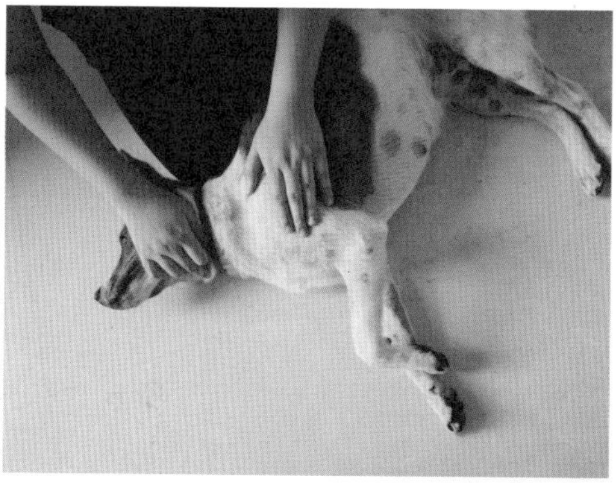

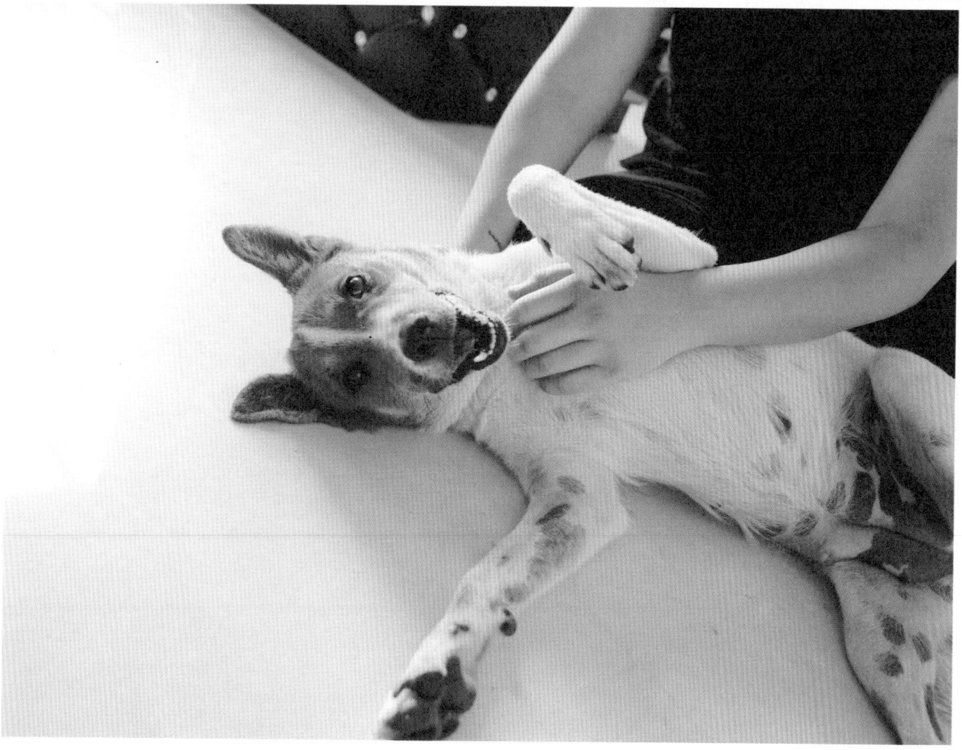

嘗試輕摸不同的部位，了解狗狗的感受。

練習—人與狗的邀請與拒絕

Can you take No for an answer?

你可以接受被拒絕嗎？

除了有些不得不做的例行公事，像是洗澡或回家，但其實有更多事情是我們能透過肢體語言跟狗溝通，詢問牠的意願與選擇，牠能決定是否接受我們的邀請。我們需要學習的是當牠接受邀請時，謝謝並和牠一起享受接下來的事情；當牠拒絕邀請時，欣然接受，好吧！我有一點點失望，但沒關係。

反過來，當然也有些事情是你可以選擇拒絕狗狗。像是你正在忙工作、講電話，需要專注一陣子，也可能是牠站在門前唉唉叫表示該出門散步，但你需要再等一下下，仔細想想在生活中，我們也拒絕了狗狗很多事。關於邀請與拒絕該怎麼做，才不會讓情況間接失衡呢？

仔細觀察狗狗表情與肢體動作，牠也會邀請你哦！

邀請狗狗該怎麼做？

邀請狗狗的大原則是，身體的動作必須不帶威脅，不能讓牠感到壓迫。

邀請牠過來摸摸

叫一下狗狗名字，將手心朝上，手緩緩伸出或者微微晃動，等待牠的決定。如果牠過來了，就好好地摸摸牠；如果牠決定不要，聳聳肩，好吧！那也沒有關係。牠拒絕不代表沒有你放在眼裡，也不代表狗狗是老大，這只是一個選擇而已。

我的十四歲黑色拉布拉多聽力已經退化，當我們要帶牠出去走走時，我會摸摸牠，接著往前走幾步回頭將手伸出，用手指頭做出波浪晃動，接著牠就會起身跟上。

手心朝上、緩緩伸出手，邀請狗狗來摸摸，牠可以自己決定要不要過來，記得眼神要柔和，不用盯著牠太久。

邀請牠跟著你走到某個地方

常有主人會告訴我，狗狗不願意走過某些地方，像是水溝蓋，在一般情況下，我們都會想說這有什麼好怕的？就直接拉牠走過去了。

有時候狗狗對眼前的事物遲疑，你可以先走過去，輕輕將身體蹲低，呼喚牠過來。或許狗狗不想直接走在水溝蓋上，牠想往左看看往右走走，找出比較好到達你旁邊的路線，請給牠一些時間這麼做，牠就能順利過來了。

如果牠不肯過來，只要不是在衝突或危險的狀況下，盡可能接受牠的選擇。你們可以走別的方向或回頭，這麼做能讓牠感到安心並且更加信任你。

狗狗不想走過水溝蓋，停在原地不動。

你可以換個方向走旁邊，並給牠一些遲疑的時間。

拒絕與被拒絕的藝術？

我認為，很多狀況下是因為我們不懂尊重，甚至看不懂狗狗的肢體語言，因此在牠試著拒絕時，我們無法接受這個選項，進而破壞了彼此的信任關係。再來是，我們拒絕的動作或反應常常都太大，牠很可能在這樣的情況中更加挫折。

這和人類很像，你有留意到我們常爭執到後面，吵的根本不是一開始的事，而是生氣對方的口氣及態度嗎？好好地拒絕與被拒絕，是我們人生與牠狗生的共同必修課。若我們有意識到自己能拒絕別人（狗），會比較有安全感；相對地，遇到別人（狗）拒絕我們的時候，也要尊重對方的意願，這能減少彼此不必要的衝突。

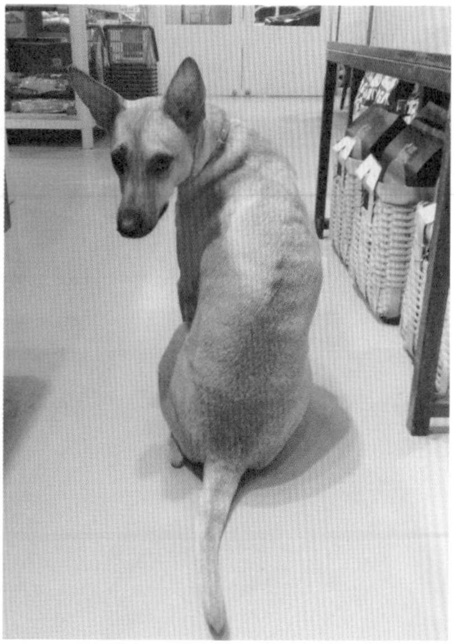

狗狗拒絕你的方式會很明顯，例如：背對、原地不動、裝忙嗅聞。

狗狗拒絕你的肢體語言

狗狗拒絕你時，肢體語言可是清楚的很。若你的反應很激烈或當下情況很緊張，牠可能會站在原地不過來，或做出更多安定訊號，像是裝忙、嗅聞地面，迴避眼神……等。

人拒絕狗狗

你可以將身體側向一邊，不要朝著狗狗，避開眼神，或者加入吐蕊阿嬤手勢，維持這些動作，直到牠放棄離開。每一隻狗的理解速度都不太一樣，不過，你得持續維持這麼做，牠終究可以學會。請允許牠心情上的落寞，如同當你被狗狗拒絕時，你也可以失望一下的，那沒關係。

狗狗被拒絕失望一下下，那沒有關係。

常見的狀況—翻垃圾桶與雜物

狗狗翻垃圾桶，甚至是桌上或抽屜裡的雜物，通常是因為這些地方都會傳來食物的味道，儘管是那些我們定義為垃圾廚餘殘渣，不過，對牠而言，那就是食物，也可能是牠心中的高檔食材。我們常驚訝都幫牠準備正餐了，牠還需要這樣找垃圾吃嗎？

其實仔細想想，這也正常，因為我們自己除了正餐，也偶爾喜歡吃零食或者換換食物口味。這麼說，不代表應該讓牠盡情翻垃圾桶，因為裡面的東西很可能會對牠造成傷害，例如：被罐頭的邊緣割傷，或誤吞沾到味道的乾燥劑、雞骨頭……等。

「我們能不能訓練牠不要翻垃圾桶？」雖然訓練確實能到達到，不過最好的方式還是做好環境管理，透過人為的方式來控管周遭環境，減少發生頻率。在這樣的狀況下，我們要做的就是將垃圾桶放高，抽屜也需要關好，高度究竟多少比較好呢？越高越好，一般我會建議在你的肩膀以上，你伸手可以取得垃圾桶的高度。

先思考狗狗為什麼要翻垃圾桶

第一個問題是，收得乾乾淨淨了，不過，狗狗還是想進各種辦法打開我的零食櫃怎麼辦？那麼，除了將零食櫃鎖好或換地方放以外，必須思考的是，牠是不是還有其他需求？所以堅持重複這麼做。可能是牠對食物的需求，這可以從增加食物的變化，提供不同的口感下手；也有可能是你今天加班，晚回家了，牠自然是很餓，不妨在你出門上班前，準備一些零食包起來放在啃咬玩具裡，或者在嗅聞遊戲中加點食物。

第二個問題是，當狗狗翻了垃圾桶之後發生的事情。發現的當下，不需要責怪狗狗，雖然收拾很麻煩，但責罵或處罰狗狗並不能讓牠決定以後就不翻了。

也許現行犯嘴巴正叼著一個泡麵的調味包，而你急忙去挖出牠嘴巴的東西，幾次下來，牠就聯想到嘴裡的東西都會被奪走，日後每當發生這樣的情形時，牠就會跑去躲起來吃或吞得更快，這只會讓情況變得更加危險，再來也可能演變成資源保護問題。

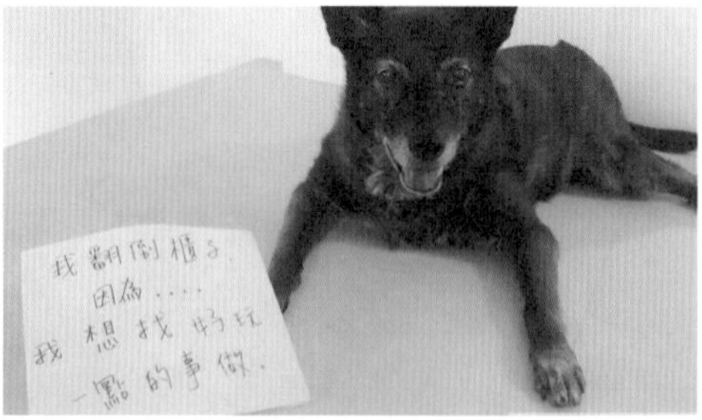

翻倒櫃子，也許是想找點好玩的事。

狗狗本身會好奇所有事物，我們需要提供合適的物件，別輕易覺得牠們的舉動都是錯誤的。

別讓「所有權」困住自己

若這些物品已經在狗狗的嘴裡、腳前或身邊（趴或躺），這些物件都可以稱為「狗狗的」，因為牠已經取得了。「這東西是我買的」、「擁有／使用權」把這些想法放在牠身上，是不合理的，若用這樣的想法與狗狗生活，可能會產生很多誤解而困住自己，從生活安排及環境管理著手才能對彼此有所幫助。

也可以思考是否每次當牠嘴巴咬著東西時，我們真的都需要介入？希望你能忍住十次不要去拿，只拿走一次，而這一次當然是要留在不得不拿的時候。建議在狗狗剛來到家的這段時間裡，只做兩件事情，那就是盡可能不搶奪牠的東西，真的需要拿走時，請給予高價值的補償，當作是「吥或放棄」訓練的熱身練習，即便未來不做這個訓練，這兩件事對你們的生活也會很有幫助。

對於會保護資源的狗狗，更應該要避免刺激搶奪，降低牠的防備警戒及攻擊。

當東西在狗狗的嘴邊、腳前、趴著 ...... 等附近時，在目前這個狀態下，都可稱「那是狗狗的」。

如果狗狗現在已經叼著調味包、洋蔥或馬桶清洗劑，考量牠的安全與健康，真的必須拿回來。該怎麼做呢？拿出零食讓牠看見，從牠的嘴巴方向一路往外頭撒多一點，讓牠願意放棄嘴巴裡的東西，接著，與狗狗保持一點距離坐下來等待，這可以減少牠看見人虎視眈眈的樣子，反而更緊張，冷靜拿起牠不該咬的東西後，補上更多的零食！

假如狗狗對於你拿走牠擁有的物件已經有不愉快經驗，建議要好好地做補償練習。想想牠過去對這件事扣了多少分，現在就讓時間與零食慢慢補回來。做足補償後，未來當你走向放零食的櫃子，或者只是要打開零食包裝，狗狗很快就能察覺到，看著你或放下嘴巴的東西，這時就可以加入「呸」的口令了。花時間與心力訓練狗狗做「呸或放棄」的動作，將嘴巴裡的物件吐出來給你，也是一個選項，不過，至少你會需要做上述的方法來解決當下的問題。

此外，對於會保護資源的狗狗來說，進嘴巴的食物若是被奪走，甚至只是被打擾，都可能變成更嚴重的行為問題。減少刺激，或許牠只是發現食物了，就讓牠好好吃完，不搶奪能減少牠的防備警戒，甚至是攻擊。牽涉到資源保護，通常需要視情況仰賴專業指導行為調整，除了前面的原則外，建議尋求訓練師的幫助。

用零食引開狗狗之後，別當放羊的孩子

你可能會問狗狗會因此學會偷東西來跟我們換零食嗎？是的，很有可能。不過，衡量一下讓牠放棄調味包以及給一把零食，我想應該是值得的。在家裡可以多準備一點新口味的零食，以備不時之需。

用零食引開狗狗，拿走「牠的東西」後，還有更重要的事情，就是「真的」給牠更多零食。很多人會想到調虎離山之許，但當被引開的狗狗回到原本位置卻發現什麼都沒有，通常發生幾次類似的情況後，你會發現狗狗根本不願意放下嘴巴裡的東西，也有些狗狗會變成是邊咬著東西到你撒零食的地方。

記得提供「高價值」的補償，香噴噴、份量多的零食，好消息是狗狗的數學沒有很好，將一大塊肉乾分成無數的小肉乾給牠的話，就能夠提供給牠更長的開心時間。如果狗狗外出散步，有翻垃圾桶、打野味、挖寶的行為時，這個方法也適用。

認識狗狗的嘴巴與手手

狗狗的手腳和嘴巴，是牠們最常用來跟我們溝通的部位。雖然牠走路是用四隻腳，不過，就功能來說，我們仍經常把牠的兩隻前腳當作手來看。而狗狗嘴巴所帶來的行為總是很有威力，我們很難忽視它所伴隨的行為影響，但或許在嘴巴帶來麻煩的同時，也帶來了機會——不得不好好認識狗狗的機會。

頂和咬的嘴巴行為

吻部頂

我很喜歡這個行為，很多狗狗都會直接用牠們的鼻吻頂人，例如：找人討摸摸，希望獲得關注的時候。輪椅輔助犬就特別會使用牠們的吻部工作，我們會特別教牠利用吻部開、關抽屜、開門或開、關燈。一般的狗狗並不需要特別利用牠們的鼻吻做事，我比較喜歡牠用鼻吻只是希望我摸摸牠。

嘴巴的咀嚼吞嚥，除了可以幫助身體產生動能外，也能自我解壓。

咀嚼與吞嚥

嘴巴這個部位也被賦予重要任務，即是用來進食，透過嘴巴的咀嚼吞嚥，經消化系統，讓身體各部位產生動能；也可幫助狗狗自我解壓，抒發情緒回復身心平衡。建議可以多準備合適的啃咬物件，藏一些零食，增添狗狗的生活樂趣。

探索認識咬

這是常被冠上「破壞王」的行為，無論合不合適，幼犬會嚐試咬任何東西，許多時候不是因為正在長牙，咬咬、撕裂、咀嚼，牠們透過咬的動作學習拿捏力道，認識這個世界。不單是幼犬，一般成犬也經常用「咬」來探索，如果你能經常提供不同的物件給狗狗探索認識咬咬，便會發現牠不大會去咬你不希望牠咬的東西。

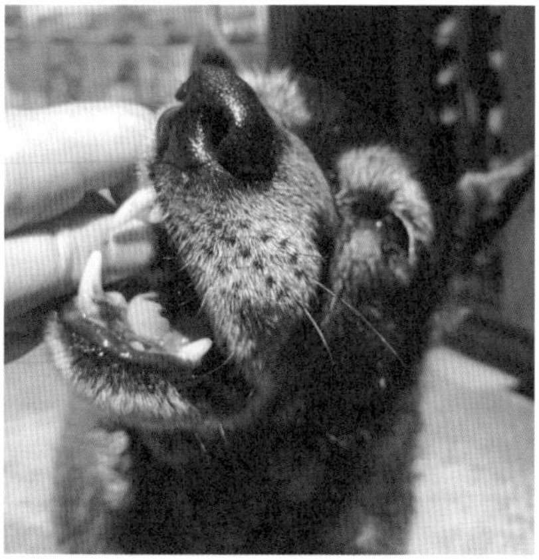

探索認識咬。

含咬

幼犬之間通常是以含咬與對方玩耍的。又或是周遭變動過多，牠無法休息睡覺，過度緊張、疲憊及壓力，不知道怎麼緩和情緒，就有可能會撲跳、含咬手或腳。這些並非攻擊，而是目前牠只能透過含咬來紓發壓力，也可能是你正要帶著狗狗出門，但牠太過興奮，咬著牽繩拼命拉你出門。當狗狗含咬時，當下的作法是先避免做出任何會更刺激狗狗的事，像是關禁閉、大動作或大聲嚇止，我們需要放慢動作（可以離開也可陪牠），保持安靜與冷靜，讓牠自己學習緩和自己的情緒。

嚙咬

狗狗也會用牙齒輕輕密集地啃咬，可能是抓癢或覺得壓力很大。有些狗會咬著一片大樹葉，一塊一塊地撕咬，也有些狗會用嚙咬的方式「捏」其他的狗。我曾帶一隻八個月大的邊境牧羊犬做社會化練習，因為牠第一次見到我，非常興奮，以彈跳的方式在我身旁繞來繞去，接著跳起來「捏」了我的鼻子，留下一道長長的痕跡，讓我印象深刻。

狗狗也會用嚙咬的方式來捏另外一隻狗。

露牙齒／掀嘴皮

當狗狗這麼做時，可能會伴隨者低吼，通常是覺得受到威脅，因而做出警戒／警告的動作。例如：幫狗狗擦腳時，過於粗魯讓牠不舒服，希望你停止動作，牠就會這麼運用嘴巴。

警告咬

大部份會出現在警戒（露牙／掀嘴皮）之後，若人沒馬上停止當下的動作，狗狗的嘴巴就會快速地咬過來。有時警告咬會造成破皮流血，儘管我們稱「警告」，但許多狗狗卻因此被貼上十惡不赦的標籤，這不代表牠沒救，大多只要了解背後原因進行處理，牠就不用常做警告咬了。最常出現的情境是剪趾甲，你覺得一定要剪，但牠非常不喜歡，下一刻牠很可能會動口了；或是狗跟狗之間的衝突，其中一隻狗衝過來試圖搶走另一隻狗的東西，那被搶的狗便可能會低吼接著警告咬，試圖讓對方知道不能這樣。

攻擊咬

狗狗攻擊咬是會咬住不放或連續咬好幾口，像打洞機一樣，皮肉可能會分離，造成撕裂性的傷口。這較常發生在狗跟狗之間，若是狗狗需要對人這麼做，往往都是承受了極大的壓力。有可能這是牠覺得目前唯一能脫離現狀的作為，也有可能這是牠唯一會用的行為。

有趣的是大家好像都認為訓練師有經過耐咬測試，不怕被狗咬。我想在此特別說明，訓練師的工作範圍不在於刺激狗狗，引發牠做攻擊動作，而是在幫助狗狗不需選擇用開咬保衛自己。

挖、撥與抓的手腳行為

狗狗的四肢是全身的支撐，可以幫助身體平衡，減少身體疼痛的機會，腳掌與地面接觸時，會產生摩擦，讓牠擁有良好的抓地力，趾甲不會長太快，也不容易滑倒。對大腦來說，腳更是狗狗的感官接受器，可以蒐集資訊，踩在不同的材質，感覺溫度、質地，怎麼站、怎麼踩是才安全的。狗的腳掌還能留下氣味有趣的訊息，讓其他經過的狗狗也能認識牠。

對幼犬來說，牠還在學習好好使用四隻腳及平衡，你會看到牠常不小心就摔跤跌倒了；對成犬來說，用腳踩穩已經不再是挑戰，伸展身體、擁有合適的步伐及速度都讓牠的肌肉更加健全；而到了老犬，手腳會是我們最快察覺到狗狗衰老的部位，牠開始抓不太到癢，起身時要很用力看起來很像快滑倒，同手同腳的次數增加了，到這時候再回到去看年輕的牠們，才會知道讓牠好好使用手腳有多重要。

撥跟抓通常使用的是手（前腳）的部份，最常見的是睡覺前的鋪床儀式，當然有時牠們抓的不是床墊或毯子，只是一般地面，抓完就會轉圈趴下來睡覺。牠也有可能會用前腳把桌上食物撥下來；或是用來跟主人表示，你應該要把焦點放在我身上了；也可能牠會把零食咬到自己的狗窩或你的衣服，甚至是盆栽裡，用腳挖一挖、撥一撥、嘴巴頂一頂，試圖把食物埋起來。

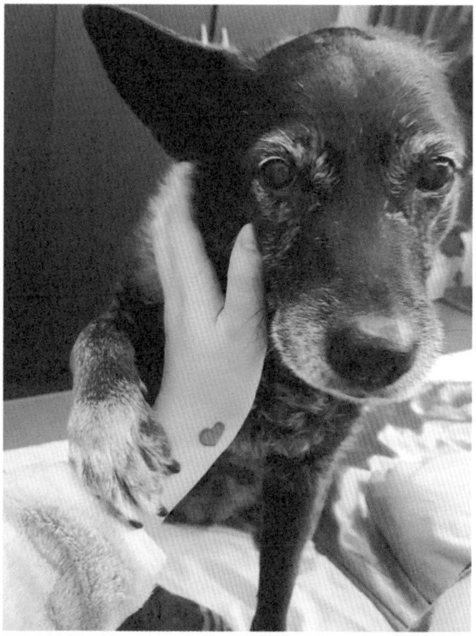

清潔狗狗的手腳

我自己喜歡使用天然的清潔用品，減少自己跟狗狗皮膚的負擔，將稀釋過的清潔液（寵物可使用的）沾上毛巾，輪流清理狗狗的四肢時，需注意舉起狗狗手腳的高度或角度，是否會讓牠不舒服或失去重心。

3 | 1 / 2

1. 很多狗狗知道用手抓抓主人來吸引主人的注意力，繼續摸，不要停。2. 狗狗很常使用前腳來做鋪床的動作。3. 狗狗利用四肢來平衡，同時手腳也是牠們的接收器。

常見的狀況—咬人的手

「拿出玩具，要跟牠玩，但牠反而是對我的手比較有興趣，瘋狂地追咬我。」這是很多人剛開始養幼犬可能會遇到的困擾。狗狗張開嘴巴時，是牠認識世界的一種方式，這也是在與同伴互動，練習嘴勁的過程。面對咬手的狀況，有幾個互動原則可注意。

手不是玩具

如果你希望你的手對狗狗來說不是玩具，那麼請停止用手捉弄牠，將手快速地在牠身上繞阿繞、揉牠的嘴巴，卻不准牠們表達意見，這不合理。手應該是一項工具，它能帶來好玩的遊戲，也會是一支搔癢棒，幫牠搔搔身體抓不到癢的地方。

伸出手的時機

請留意伸出手的時機，是否容易讓狗狗誤會。例如：當牠趴在旁邊正咬著玩具，此時伸手摸牠，你會發現牠咬的嘴勁，像是被打擾的人表示「別打擾我，我正在做一件好玩的事情。」

被咬的當下怎麼做

被咬的當下，忍住保持淡定將手收回，反應很大的話，可能會增強狗狗的行為，讓牠更加興奮，追咬不停。視牠當下的狀態，你可以選擇留在現場，教牠怎麼跟你玩，或離開現場，減少狗狗繼續咬你的可能。

要是狗狗開始追咬了

你可以將雙手收在腋下，迴避眼神，拒絕狗狗，等牠冷靜下來，通常冷靜都需要一點時間，但我們總是太快又將手伸出來，所以牠常常還是很激動。

狗狗咬手的可能原因

啃咬物件過於單調

若提供給狗狗的啃咬物件變化小，很快地牠便會失去興趣，轉而尋求更有趣的東西，像是你的手。

社交互動

狗狗需要與人／狗互動，社交帶來的回饋很重要。

習得行為

表示這是狗狗透過生活經驗學習來的，例如：當牠咬著主人的手時，都能「引導」主人到所希望發生的事情上，可能是移動或是拿零食，幾次經驗後，牠便學到咬手是很好的工具，而後的事情就能想像會如何發展了。

安全感（逃離）

也有可能是狗狗很想離開當下的狀況，例如：在某個地方待太久了或覺得不安心，牠們就會企圖咬主人的手或牽繩。這很容易發生在幼犬身上，在家裡附近散步時，計時看看狗狗多久開始對經過的路人或推車叫，或什麼時候開始咬牽繩。如果是十分鐘後開始咬牽繩，或許狗狗目前只適合一次散步六到八分鐘，而後再慢慢拉長時間。大部份狗狗會咬牽繩，通常表示眼前的事情太多、太複雜了。

疲憊

當狗狗感到疲憊時，跟小孩一樣，很容易鬧脾氣，這也是咬手的常見原因。特別注意幼犬因容易受到周圍環境的影響，一些聲音及移動都會引起牠的注意，而無法好好休息，牠會比我們想像中的更需要好好睡覺。

如何訓練狗狗不要咬手和咬腳

將手抽開不代表狗狗不會再咬你了，這只是在當下中斷這個行為，並沒有找到咬手的原因。關於訓練的部份，我們必須先了解牠的需求是否被滿足？如果有的話，那經過一段時間的練習，牠便會減少咬手的頻率；但如果需求沒被滿足，過了兩個禮拜，狀況可能就會還是沒進展。

當狗狗咬手時，冷靜地收回手，不發出任何聲音，過了十秒後，再伸出手，用手背輕輕摸狗狗二至三秒後，手離開但不用收起來。等牠看著你或把身體重心朝向你，也有些狗狗會用鼻頭碰手，接著，再繼續摸二至三秒。這樣的循環，能幫助牠知道要摸摸時，該怎麼跟你表達，而非透過咬手。

若嘗試三次將手收起來，牠還是窮追不捨，那表示牠的腦袋在當下可能無法吸收學習或是控制自己，另外，也有些狗狗會衝來衝去，接著開始呼呼大睡，這通常是累了或感到挫折。建議停止訓練，讓環境簡單一點，幫牠培養休息的情緒，然後離開現場，給牠冷靜下來的機會，可以觀察狗狗每次需要多少時間才能冷靜來調整後續的練習。

狗狗大都在什麼情況下會咬腳？常見的多為剛回到家裡，牠看見人回家好開心，但你急著走去放包包、換衣服，狗狗當下沒有得到回應，因此邊追著你邊咬腳。和上述咬手的原因相似，不過，把手收在腋下很容易，換成腳的話，會需要窩在沙發上或離開現場。

每次回家開門時，需保持冷靜，儘管心裡跟狗狗一樣開心，但第一件事是蹲下來和牠好好打招呼，身體蹲低一點，牠就能好好親親你，你也較好輕輕扶下撲跳中的牠。打招呼不用非常熱情，但要冷靜溫柔地和牠說說話、摸摸牠。另外，有些狗狗會在很興奮的時候，嘴巴去咬個東西（或銜著一個娃娃）迎接你，這不是要給你的，而是牠的嘴巴需要這麼做，所以不需要伸手去拿。

我們經常很快地就要求狗狗「Stop！不准動！」無論是拿出零食或者大聲阻止，這其實沒有提供牠練習的機會，訓練並非強制牠不准這麼做，而是透過時間與經驗的累積，幫助牠學習控制自己的情緒，我們再給予回應，自然能讓牠在每一次學習控制自己。在任何情況下，平緩的情緒對雙方都是好的。

每天都要有的活動—嗅聞遊戲

讓狗狗使用牠擅長的能力，能幫助狗狗培養自信及穩定，這其中一個能力就是善用牠鼻子的——嗅覺。Dog Pulse Project 做過一個有趣實驗是比較拾回（Fetch）及嗅聞，影片中的狗狗拾回被丟出去的樹枝時，脈博上升了，然而將零食撒在草地中，狗狗低頭開始嗅聞找零食時，脈博下降了。雖然脈博跳動的速度，無法直接指出這對狗狗有絕對好處。不過，當我們的脈博跳動的速度較慢，壓力會比較小，身體自然能處於穩定的狀態。

嗅聞遊戲除了可以結合不同的材質的物品，做出多種變化外，比起單純的玩具，這遊戲對狗來說更具新鮮感，還能益智動腦，堪稱狗界最強。

嗅聞遊戲是我最常進行的活動。最簡單的入門方式是，找一件不要的舊衣服鋪在地上，將衣服微微弄皺，製造出些微高低起伏的空間。讓狗狗看見你握住一顆零食，輕輕將手打開，讓零食落在衣服上，狗狗會自然地靠近舊衣服嗅聞找找。

熱身賽

從一顆零食，二顆零食，變成五顆零食。

控制時間長短及增加難度

在狗狗理解遊戲後，請設定遊戲長度為至少十五分鐘，若牠能專注在遊戲裡三十至五十分鐘，那更好。當狗狗只花了三分鐘完成時，你可以增加零食、擴大範圍、藏得更隱密，或將衣服弄得更皺、增加物件的數量、設置機關等。

豐富室內環境的佈置

拿出拖把、資源回收的紙盒、椅子弄倒等，佈置一個豐富的環境，這些都是在室內可進行的活動。

戶外環境佈置

在戶外也可以玩嗅聞遊戲，如公園的板凳、階梯或一片草地。

嗅聞墊也是其中的一個選擇，可以搭配環境豐富化，提升遊戲的難度。

利用不要的紙袋等包裝，也可以進行找肉肉的遊戲。

一起來找肉肉

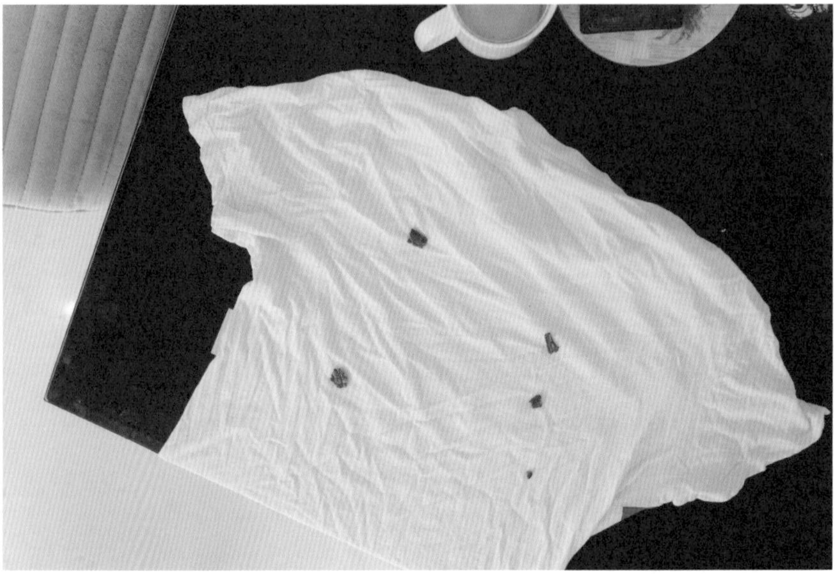

❶ 找一件不要的舊 T 恤，把肉肉放在上。

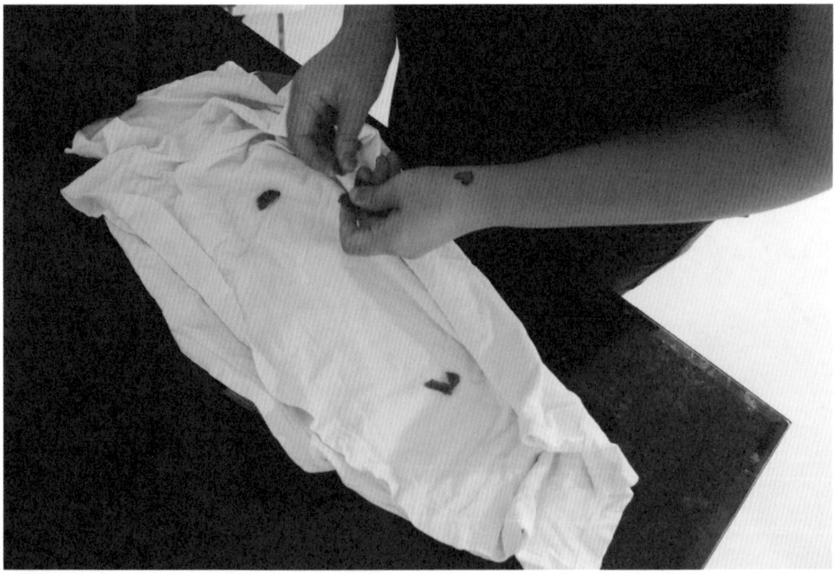

❷ 藏好後，將 T 恤捲起來。

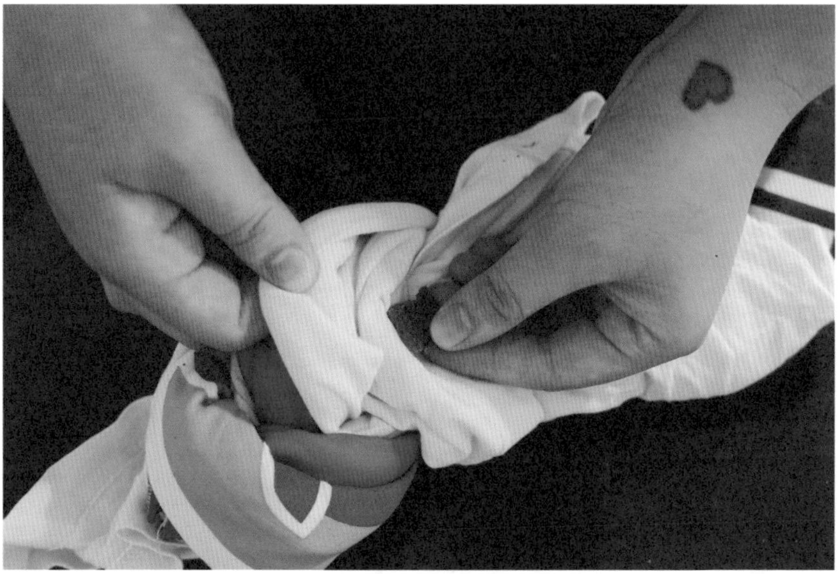

3 打個鬆鬆的結，再藏一些肉肉在裡面。

4 完成後放在地上，讓狗狗用自己的方法照肉肉。

室內佈置環境搭配嗅聞遊戲

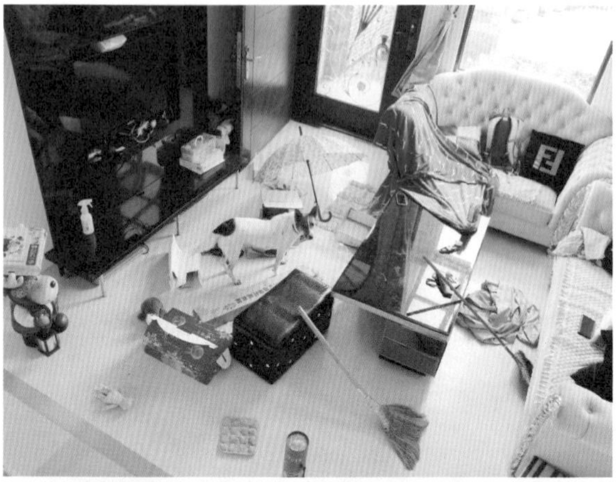

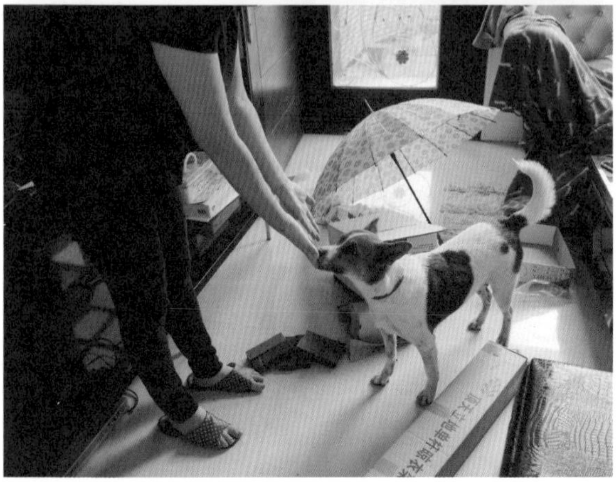

1. 床單、掃把、紙箱等物件都可加入佈置，記得要有高低起伏。2. 雨傘通常是狗狗會害怕的物件，可以加入讓牠評估，若是狗狗真的很害怕，可以先從收起來平放的雨傘開始。3. 有些狗狗找到一半，會回頭看著主人，可以伸手張開，讓牠進行臨檢。

找出狗狗心中的零食排行榜

國際知名訓練師安娜莉范（Anne Lill Kvam）教了一個很簡單的方式，來找出狗狗心中的零食排行榜，將兩種狗狗願意吃的零食剝成一樣大小，分別放在不同手裡，用手指頭輕輕握好，避免牠吃到。輪流放在狗狗的鼻子前讓牠聞聞，接著將雙手一併放在鼻前，然後分別緩緩的水平移動到兩側。你可能會發現狗狗很自然地跟著氣味朝某一側過去，表示該零食氣味比較吸引牠。你可以重複二至三次，找出你家狗狗的零食喜好。

我遇過狗狗每次都選不同手的零食，可以留意手上的氣味是否太過複雜，或某一隻手的零食是較容易取得的？我有一隻狗學生的左前腳動過刀，在平常生活中也經常見到牠偏向將重心放在右前腳，推斷或許是這樣的原因，牠對於朝向右手的食物較為容易，或許這未必是事實，不過，若是狗狗從兩個零食中分不太出來牠的意願，可再多嘗試幾種不同零食。

兩手分別拿不同的零食，將手輕輕握起水平分至兩側，就能看出狗狗喜好的零食為哪一款。

嗅聞遊戲是否會讓狗狗更愛找外食？

嗅覺是狗狗與生俱來的能力，我們發現無論正餐為何，因天性使然，狗狗似乎很喜歡在外頭找東西吃。找外食的可能原因如下：家裡的食物一成不變、特殊的草可自然治療身體、單純就是喜歡吃東西。

找東西吃，這對多數狗狗都屬於正常，而大部份的狗狗腸胃都還不錯，普遍來說，足以應付外面的食物。只是我們會擔心，一旦讓牠在外頭吃東西了，就會打開牠們的雷達四處找吃，後面會有一些方法來協助你面對這些小困擾。

「我不希望狗狗的鼻子太過靈敏，到處找到東西吃。」對主人而言，可能會覺得嗅聞遊戲是很衝突的選項，然而，在教會狗狗嗅聞遊戲以前，牠早就在用鼻子找東西或食物了。這個遊戲的好處是能幫助一些狗狗在外頭找到樂趣，紓解壓力，也有助於探索認識環境，學習融入人類的生活。這麼做以後，狗狗比較容易放鬆，對於許多事情不會過度反應。與其在狗狗搗蛋時責罵牠，不如主動提供可以動腦與活動筋骨的機會。

1/2 1. 戶外沒有人打擾的地方，也可以隨意撒上一些肉肉讓狗狗進行尋找。2. 有些狗狗對於和別的狗狗一起做嗅開遊戲，會擔心警戒，請分開遊戲。

狗鼻子找到餿水桶後，不願離開時……

有些狗狗可能因有流浪生活的經驗，在找到丟棄的食物垃圾、餿水後，會極力保護無法放棄（護食或保護資源），透過嗅聞遊戲的練習，牠能慢慢與你建立起信任關係，慢慢地也會發現在你希望牠放棄餿水時，牠比較願意離開。

練習「放棄」是方法之一，但這不是所有狗狗的必須訓練。放棄練習的概念是在牠靠近餿水時，給予「放棄」的指令，當狗狗選擇離開餿水時，帶開牠後提供合理報酬，也就是足夠的好吃獎勵。「合理報酬」的原則是不會是要求狗狗放棄餿水後，卻又拿飼料等味道不佳，或價值不高的零食報酬給牠。

當然還有一個更快的作法就是——牽好狗狗，眼睛觀察四周提早留意環境，把牠當作兩歲以下的幼童，這樣就不會期待教會牠絕對不會靠近某些東西，而是會為牠做好安全把關。

另外，也要注意散步的地點，如果這個地點很容易讓牠找到（垃圾）食物，那每次散步對牠而言，都是「出發去吃飯」的概念。與其遇到餿水後，再做「放棄」訓練，我想，多找幾個不會出現意外食物的散步地點，更能解決這個問題的本源。

接受偶爾的意外插曲，多數牠們在外頭吃的餿水，不太會有重大的問題，只是我們看來難受，也可以想想胃酸的酸鹼值為一點五至二點五的狗狗，是不是吃壞一次肚子就會出現嚴重的健康問題？這跟人類很像。我們偶爾在某個夜市吃錯食物，拉個肚子，休養一陣子就好了。狗狗差不多也是這樣。

但是，確實有些狀況需要擔心，例如：散步的環境聽到有人在放毒餌，那麼自然就需要小心或避開這個地點。不過，在很多狀況下，還未發生任何事情，我們就常因為擔心而禁止。在我看來，許多狗狗健康無礙，卻長期處於身心無法平衡的狀態，無法正常探索認識外頭的世界，這就像讓一個人活著，卻不給他更多快樂的機會。我們若能多花時間做功課，篩選合適的地點，讓牠好好地嗅聞，我們也能獲得一隻快樂的狗狗。

練習－如何跟狗狗玩遊戲

玩具可以怎麼玩？玩具不是用來打狗狗的頭，也不是把狗狗當玩具，我們需要引導牠學習遊戲方式並遵守遊戲規則。有些遊戲需要人一同參與，有些遊戲適合讓牠自己享受。不能只是扔一堆玩具到地上，期待狗狗會了解透過玩具消磨時間，有許多活動是需要我們確實執行，長期缺乏生活樂趣，或匱乏的生活品質是更容易導致問題行為。以下是可以和狗狗互動的遊戲：

拔河

很多狗狗會自己找玩具跟主人玩拔河。我的狗糖最喜歡用來拔河的是一隻兔子填充娃娃，牠會咬著其中一隻耳朵靠近我，我會拉住另一隻耳朵，兩邊一起拔河。或是牠在院子做完活動時，會咬一個玩具靠近我的手和我拔河，玩一下，牠就會自己停止，接著休息，我想可能是牠當下太激動，需要這麼做來紓緩情緒。用適當的力道跟狗狗拔河是不太有傷害性的遊戲，我很願意跟狗狗這麼互動。

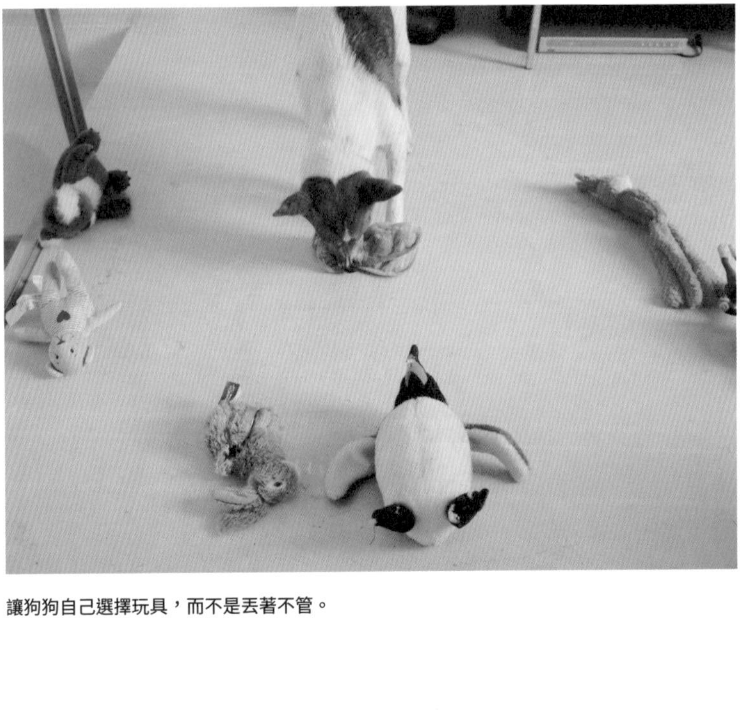

讓狗狗自己選擇玩具，而不是丟著不管。

拾回

「熊熊，在哪裡？」當狗狗找到自己的玩具，叼給你。那是很有趣的對吧。你可以在狗狗這麼做時，稱讚牠，接著將玩具還給牠，讓牠自己擁有。

找回被藏起來的物件

你可以將家裡的椅子放橫，增加一些障礙物，然後拿著玩具晃阿晃，快速地藏到一個狗狗無法直接看見的位置，讓牠去找找。當牠找到玩具時，稱讚牠，讓牠擁有玩具一陣子，再來做一次。也可以替換不同的物件或玩具。

我曾上過一個訓練工作坊，講師準備了很多復活節的塑膠蛋，裡面放了巧克力，藏在教室裡，所有人都很認真地在找蛋，當腦袋專注在某件事裡面是很有趣的。我們也能為狗狗提供這樣的樂趣（不是找巧克力蛋），準備牠喜歡的零食或玩具，讓狗狗用自己的步調速度找到，記得難度要越來越高，讓牠接受不同的挑戰。

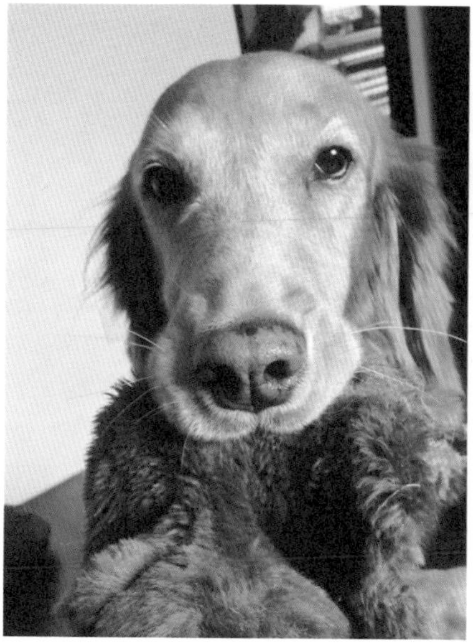

2 | 1　1. 拔河遊戲。2. 當狗狗找到玩具看你時，稱讚牠，為牠開心。

不打擾狗狗獨享玩具或遊戲的樂趣

你買了一堆填充娃娃、橡膠球或不同形狀材質的玩具，你期盼狗狗怎麼玩？舔一舔、小心翼翼地用鼻子碰一碰，輕輕將手放在上面，別用趾甲抓破，對了，還有把自己的嘴巴放軟，不要讓牙齒劃破玩具，是這樣嗎？常有人說，因為狗狗破壞玩具，所以收起來不給牠玩。所謂的「破壞」，其實就是狗狗玩耍的一種方式。

我們能利用經濟實惠的方式製作玩具，逛義賣、跳蚤市場，找尋二手填充娃娃並結合不同的物件，或回收再利用。我會蒐集被咬破娃娃的棉花，將棉花與剪碎的舊衣塞進襪子裡綁緊，就變成另一個新玩具了。

有時狗狗叼著玩具，轉身到另一邊用手踩著或趴下來啃咬，那表示牠想自己玩，不要試圖拿回玩具，讓牠獨享吧！如果狗狗找你玩，你不想的話，也可以拒絕牠。遊戲是雙向的理解，兩邊都需學習尊重對方的意願。

「破壞」也是狗狗玩遊戲的方式，把掉出來的綿花收集起來放到襪子裡，又是一個新的玩具。

我列了幾個適合狗狗自己玩的遊戲，這部份表示不用參與或在旁邊加油鼓勵，靜靜在旁邊觀察就好。

啃啃拆拆

讓牠用自己的方式互動。我的狗 Wren 最喜歡將娃娃的鼻子、耳朵、眼睛全都拆下來，也有一些狗狗喜歡磨蹭娃娃。

自製益智玩具

我有時也會買現成的益智玩具，它們會有不同機關，像是不同的孔洞，狗狗需要用前腳抓一抓、鼻子推動、嘴巴咬起來甩或者拉扯，才能掉出食物。不過，我更常自製（比較便宜），找找不同的東西（像紙盒或衣服等），回收設計利用。準備好幾個益智玩具後，就交給狗狗，讓牠用自己的步調吃到裡面的零食。

嗅聞遊戲

這是我們的日常生活的必備款。

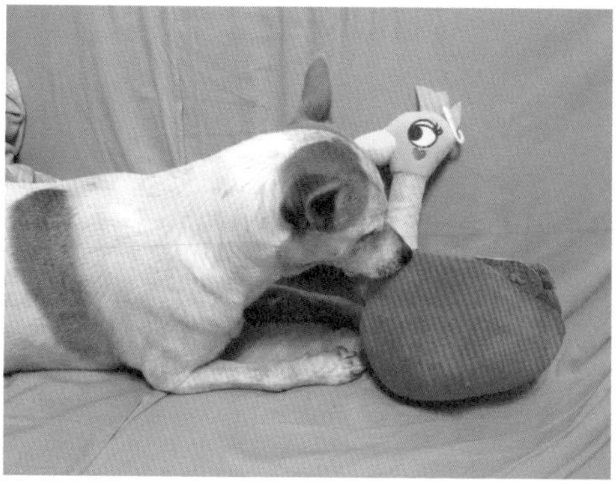

當狗狗叼了玩具趴下來啃時，表示牠想自己玩。

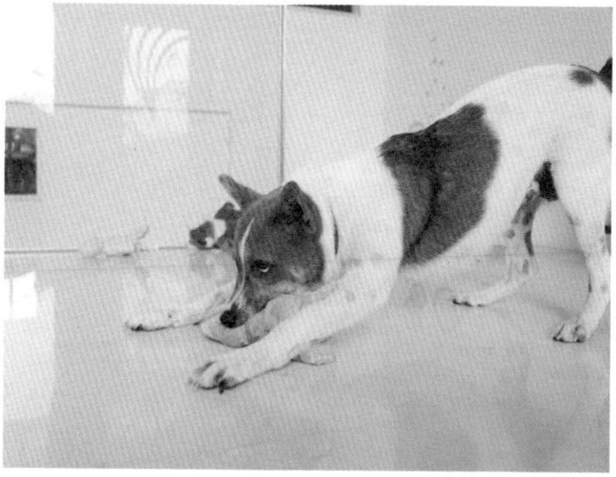

牠也可以選擇自己想要玩的方式。

狗狗適合玩你丟我撿的遊戲嗎？

在這些互動遊戲方法中，我沒提到「你丟我撿」的遊戲，常見喜歡玩丟撿遊戲的理由有：因為狗狗很喜歡這活動，我不和牠玩，牠看起來很傷心；這麼做能消耗體力，減少牠搗蛋的機會；狗狗天生愛追逐，這能滿足牠的欲望。

我曾經也很喜歡玩丟球，尤其某些狗狗能很快學會。不過，丟撿遊戲可能會為狗狗的健康帶來影響，在過硬的地面和牠活動，無形中會讓關節過度負荷與肌肉拉傷。加上丟撿遊戲的變化小，腦袋下的指令單純，四肢反應快，也會讓牠變得衝動，若休息品質又不好的話，長期下來，牠可能因一聲鈴響、飄起的樹葉或遇到某些較敏感的事情等，便持續激烈的反應，無法再有第二個念頭沒有轉圜餘地，也可能出現轉向行為，對某些事情執著且激動。

假若狗狗的個性屬於容易激動，很難冷靜下來，或者是對移動事物高度敏感，無法停止追逐或追咬，建議停止類似像你丟我撿的活動，讓牠的身體有機會緩和下來。當然並非所有的狗狗都容易興奮激動，也有些經常玩丟球、高速追逐拾回等，但在其他時間裡依舊冷靜，考量健康，我們仍然需要留意。

如果牠在玩球或其它活動時，常越來越興奮激動，一直吠叫、催促你將球丟出去；做完活動時，在路上看到其他狗狗很常一不小心就吵架；牽著牠時，即便環境單純牽繩也很長，但牠仍不停暴衝，就需考慮停止這類型遊戲，進行其他活動，像是嗅聞遊戲、探索陌生環境、散步，來減緩狗狗的衝動狀態。在提供互動遊戲給狗狗的時候，可以多想想如何做出組合與變化。

Chapter 4

Three Months! Expecting Unkown Future

三個月！期待未知的一切

練習—狗狗的日常身體照護

也許你原本就不覺得狗狗需要做太多訓練，這樣很好，我也認為有很多「訓練」其實是沒有必要的。不過，有些練習是必須要做的，一個是前面提到的社會化；另一個是合適的遊戲活動；還有一個就是日常的身體照護。

身體照護指的是刷牙、清耳朵、剪趾甲、梳毛洗澡，進而會有身體協助保定等。這對主人來說，通常是難題，尤其這部分的操作容易帶給狗狗壓力。

而且狗狗若曾經因此害怕受傷，甚至疼痛，便會一次比一次更難進行。但放著不管的話，趾甲太長，可能會刺進肉墊或在跑跳時折斷流血，滑倒、無法好好走路等，造成更大的傷害。雖然能交給信任的美容師整理，不過，如果先幫狗狗做些練習，也能讓美容師更好工作，特別是長狗毛，會更常需要修剪。

用手去感受狗狗的身體

身體照護練習需用你的手開始，不管是刷牙、清理耳朵或剪趾甲都是，我們需要用自己的手去感覺狗狗的牙齒、牙齦、耳朵，還有腳趾頭等。原則是徒手摸過狗狗全身，接著才是練習使用工具做少少的修剪。

很多人常在狗狗願意被剪趾甲時，決定一口氣剪完前後腳的趾甲，順便清耳朵，再剃毛。要記得這些事對狗狗來說，都是極不自在的，建議每次只剪二至三根趾甲，在牠開始不自在以前，就要停手。記得在短暫時間的照護練習後，帶牠散步或嗅覺遊戲，比較能幫助牠累積好印象。

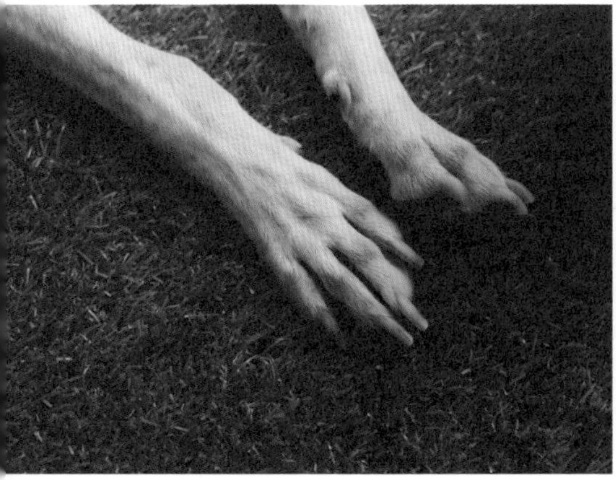

分次剪趾甲，緩和狗狗的緊張情緒。

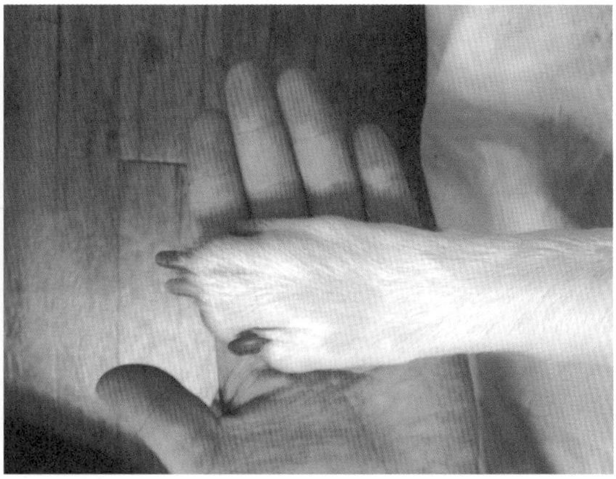

身體照護需要用徒手去感受狗狗的全身。

幫狗狗洗戰鬥澡

洗澡也是秉持一樣的原則，為了縮短一切流程的時間，可以先將東西都準備好。

❶ **先鋪好止滑墊、稀釋洗毛精**

這是一定要準備的。讓狗狗站在濕漉漉的浴室，又緊張又怕滑倒的，只會讓牠更討厭洗澡。先將洗毛精加水稀釋，方便倒出。

❷ **注意水流的聲音**

你可能沒想過蓮蓬頭的水打在浴缸裡的聲音太大，聽覺敏銳的狗狗不是那麼喜歡。可以試著使用水瓢或將水流調小一點。

❸ **計時洗澡**

抹好泡泡、把手當作梳子輕輕刷揉狗狗的毛髮與皮膚可，加入一些 TTouch（參考 242 頁）的手法，讓牠洗澡沖水的時間維持在三至八分鐘。

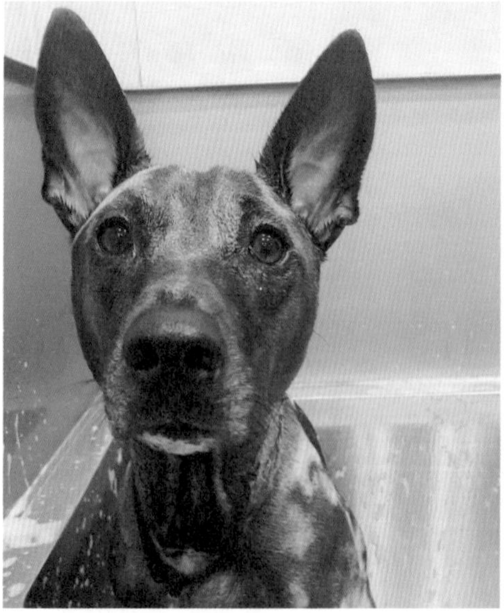

計時洗戰鬥澡。

❹ **擦乾吹毛**

我喜歡讓狗狗在吹毛時，有許多喘息的機會。用毛巾擦乾後，先用吹風機吹個幾分鐘，讓牠自由衝一衝跑一跑，釋放身體的壓力，再帶回來繼續吹毛。若擔心牠直接衝進客廳或躲起來，就先將浴室外頭的空間圍起來，把環境收拾好，這麼一來，牠能有幾次喘息的機會，你也能完成吹毛。

❺ **結束後帶狗狗散步**

牠很可能在洗澡後會需要散步尿尿，也可以給牠一根好吃的啃咬骨頭，讓牠從剛剛那一連串密集的洗澡流程中緩和下來。

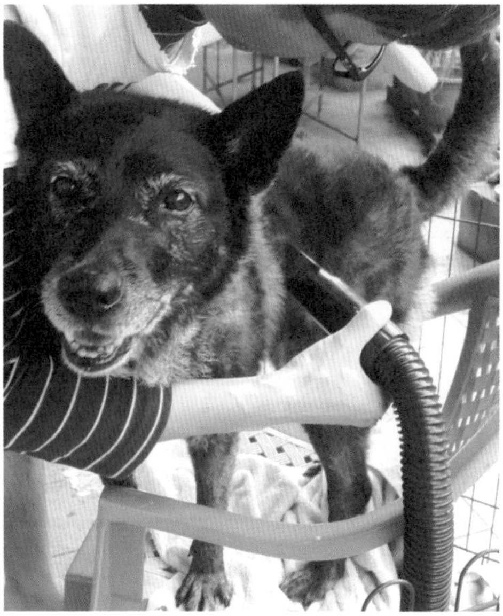

擦乾吹毛時，讓牠跑一跑，留點有喘息的空間。

帶狗狗去動物醫院看醫生

狗狗害怕去動物醫院，可能的原因有哪些呢？很少出門，一出門就是面對動物醫院。每次去，都是身體不舒服才去，而且在不舒服的時候，又要被陌生人（醫生）摸來摸去或配合各項檢查，這些都很容易讓牠覺得緊張不自在，但因狗而異，有些狗能忍受一下，但也有些狗覺得極為害怕。

別對牠說「那有什麼好怕的，一點也不可怕！」我們自己也常有一些別人覺得沒什麼，但自己介意的不得了的事情，對吧！

有趣的是，即便狗狗是第一次去動物醫院，但好像有醫院都已經被別的狗狗留下警告快逃的氣味紙條。狗狗如果很抗拒動物醫院，容易影響醫生對牠的健康評估判讀，那我們就更不容易照護。可以安排一些練習來協助醫生和狗狗順利完成診療。我們可以做的是：

- 提早帶狗狗到動物醫院附近走走，再進動物醫院，看診結束時，別急著回家，可以帶狗狗在動物醫院附近找個地方，玩一場嗅聞遊戲，幫狗狗紓壓再回家。

- 可以在平常日，安排一天到醫院做簡單檢查，讓牠是在身心穩定的狀態下，適應習慣醫生。平常為狗狗做好身體照護練習，就不用等到生病時才去醫院。
- 降低狗狗等待看診的壓力，在這期間，可以離開動物醫院到別的地方走走。有些動物醫院是採預約制，可讓你更從容地運用時間協助狗狗，也能避開其他的人、狗，減少衝突的可能。
- 我會在看完診時，經過醫生同意且狗狗能吃零食的話，我會將零食簡單地藏在醫院的四處，讓牠做嗅聞遊戲平復心情。看醫生不再是充滿緊張難受的體驗，這是我們能為牠做得更好的事情。

NOTE

幫狗狗舒緩緊張的方法

TTouch 能舒緩狗狗的緊張，可以再摸摸狗狗的身體，看看是否有什麼身體狀況沒有留意到。如果我們可以在那段時間安排一些紓壓的活動，有助於狗狗當下的壓力釋放，就有機會讓下次的看診，甚至是未來的看診都更加順利。（參考242頁）

狗狗的恐懼期或敏感期

如果翻翻從幼犬成長開始介紹的書籍或者文章，可能都會看到這三個大大的字「恐懼期」。恐懼期指的是狗狗隨著成長，會在某些年紀出現對於外在事物額外擔憂，也可能因此出現較大的反應行為，像是吠叫或躲藏。這段歷程出現的原因據說是賀爾蒙濃度的變化，身體正處於階段性的成長，當壓力一時變大，正在調節的過程也會影響牠的行為。

一般來說，恐懼期發生的時間會是八週大、四到五個月、十三到十四個月與十七到十八個月，這是我的老師吐蕊．魯格斯所說的。另外，隨著個體差異，這些成長階段則也可能有幾個禮拜的落差，恐懼期的時間長短約在幾天到幾個禮拜不等。聽起來很難算準這些時間，對吧！不要緊，只要你有這些概念，做好心裡準備就夠了。

雖然無法具體了解恐懼期發生的原因，但我曾經遇過一隻五個月大的狗狗在來到教室時，對著門外的車子低吼吠叫，教室外是一片落地窗，當時正有一個人走向教室外的車子，打開車門放進物品後，關上車門離開。這其實並非奇怪的事，因為外頭經常有人停車也做出類似的動作，狗狗在這之前已經過教室四次以上，每一週來一次，上一週我們觀察狗狗並不會擔憂這個情況。

主人說明狗狗在這幾天經過家裡玄關時，對於旁邊的大花瓶感到緊張，牽出門經過時，都會低吼並快速通過。牠來到家裡已經三個多月，花瓶從第一天就存在了，每天出門散步都會經過。我請主人稍微紀錄狗狗開始變得奇怪的時間，直到下一堂課時，狗狗恢復，不再對路邊車子警戒低吼，期間大約十天。

恐懼期是個狗狗正值敏感脆弱的階段，最好的作法是減少不必要的壓力，讓牠的身體能好好調適，紓壓啃咬物件不能少，也需要降低環境的變動，例如：不適合在恐懼期帶狗狗去複雜的環境，這時候的牠狀態不好，沒有能力去應付任何熱情友善的朋友，或是參加一大群的狗聚會。

你不需要刻意對狗狗當下反應的物件或事件做出太多動作，例如：撒一把零食在花瓶旁邊，因為真正的問題不在於此——而是狗狗的身體狀態。

不過，似乎度過恐懼期的狗狗，就能再勇敢一些。對於那些覺得狗狗膽子小，一輩子都會這麼怕的人來說，這是個好消息。你的狗狗其實還有很多轉變的機會。如果你聽過「牠自從某次事件發生後，就再也討厭／害怕」，也害怕這樣的狀況發生，那在觀察到狗正值恐懼期或壓力過大的期間後，就需要特別做好環境與事件管理，減少恐懼的發生機率，因為在這個期間所留下的壞印象，未來需付出很大的心力才能改善。

另一個狀況，我會希望你留意的可能不是恐懼期，而是短暫卻有強度的壓力事件，牠會需要一段時間才能慢慢恢復。

其中常見的是走丟被找回來的狗狗，在回家後，牠可能會花許多時間在睡覺，你能想像流浪在外時，牠並沒有辦法睡好。接下來的幾天，狗狗會變得比較黏人外，也可能會對外在聲音變得比較敏感，以前在家裡聽到窗外的車聲不會叫，不過這幾天會叫……等行為改變。

在這段過度壓力的期間，需要幫狗狗將窗戶關緊，提供多一點的啃咬、紓壓活動及 TTouch，包容牠的異狀，盡量減少突發事件，陪狗狗回到原本的生活步調。

幫狗狗度過壓力期間，需減少環境中的突發事件。

增加生活環境豐富化

「我對牠沒有什麼要求，只要牠學會在對的地方大小便就好了。」相信我，未來大小便絕不會是你需要擔心的事情，如果你沒想到狗狗在面對這個人類社會，還有許多複雜的生活事件要適應，那麼你將面臨很大的挑戰。或許現在還沒有遇到任何困擾，但我仍然希望你盡早把適應生活這件事列入訓練的目標中。幫狗狗設計豐富感官的活動，讓牠好好利用五感，活化大腦發展，可從練習中，學到足以「應付生活事件」的能力。

「變電箱有什麼好怕的？」

「只不過是一件雨衣卡在樹上，一直飄來飄去。」

「搞懂了，就沒事！」是我最常說的話，讓狗狗有機會搞懂事情發生的流程或狀況。環境豐富化與現代人說的「社會化」習習相關。越來越多人反應狗狗有生活環境適應不良的狀況，特別是住在都市鬧區。對大家來說，這是不太好想像但卻很重要的主題，該提供給狗狗什麼東西、什麼環境、什麼生活，才算是豐富呢？

利用不同的物件佈置動物的生活環境，獲得不同的感官刺激，這對被圈養的動物來說，可以從中得到一點樂趣，減少壓力，進而降低行為問題的發生機率。刺激二字，未必表示負面的、不好的或具有傷害性的，任何刺激都會對身體產生一些壓力，需要調適。壓力可定義為良性和惡性。在設計環境時，增加許多變化來刺激狗狗的感官，會讓牠產生各種不同的壓力，但就長遠來說，這件事帶來的好處是值得的。

在提供這些豐富的變化時，我們會需要留意挑選的物件，不適合放入狗狗恐懼害怕的東西，例如：我的狗非常害怕水溝蓋，為減敏我在這裡放水溝蓋。這就不適合了（屬於過度刺激），不過，你可以利用簡單一點的材質，像是面積小的金屬片放在布上，減少發生聲音與移動的機會，來減緩狗狗害怕的情緒，讓牠更願意嚐試不同的事情。

設計環境豐富化，使用的物品多數都不需要特別花費，越生活化越好，越有創意越好。

什麼是五感刺激？

我最喜歡的環境豐富化設計原則，稱為「五感刺激」，為挪威訓練師安娜莉范（Anne Lill Kvam）所推崇。依照視覺、聽覺、味覺、觸覺及嗅覺來安排不同的物件，讓動物的大腦擁有良好的感官刺激。我們的大腦與狗狗，或其他動物的發展，有著非常相似且豐富的感官經驗，這五感能幫助大腦的發育，讓身體或心智的發展更為健全。當狗狗剛來到家裡時，整體生活環境就足夠牠花一段時間學習了，不過，我們還是能特地擺出一些物件，讓牠探索研究，這同時也能幫助牠適應家裡，慢慢累積自己的安全感，當牠對環境感到安心，情緒自然就能穩定下來。

視覺

你有遇過帶狗狗散步時，牠很擔心路邊的東西的經驗嗎？那可能是一個變電箱或公園的造景，這些東西在不同的光線或角度下，呈現的樣子也未必相同。因此，環境豐富化的擺設的物品，小至眼鏡盒，大至裝冰箱的紙箱，或是會反光材質，飄動的雨衣，這些都能拿來佈置環境。在家中設計這樣的視覺刺激給狗狗，更能增加牠的「研究」能力。

聽覺

聽覺是狗狗「察覺」環境的重要能力，有時候你明明沒聽到任何聲音，但牠卻好像聽到了什麼，開始警戒或表現出害怕的樣子。我們沒察覺到的事，不代表沒有發生。狗狗能聽到聲音的敏銳度及音頻都比人類高出許多，當牠覺得有聲音就是有聲音，別急著否認牠的感受，理解牠確實有留意到一些事情正在發生就好。

提供聽覺的刺激給狗狗，能增加牠的生活經驗值。可在環境中，擺置一些物件，在被狗狗碰觸時會發出聲音，或是這個物件會主動發出聲音。我曾經將手機放進塑膠桶裡面，手機播放不同的聲響，透過塑膠桶，聲音聽起來很不一樣，也可嘗試用風鈴或將塑膠袋掛在電風扇附近發出聲音。

狗狗能聽見很多我們聽不到的聲音，提供不同聲音體驗，為牠增加生活經驗值，但不適合帶去廟會、煙火或是演唱會。

觸覺

將東西放在地上或安排不同的高度，讓牠踩踩看或磨蹭磨蹭。這是很多人容易卡關的地方，因為我們常覺得狗狗踩在地上，會帶回很多灰塵，還要幫牠清洗很麻煩，因此有些人會限制狗狗只能走在柏油路上。問題的關鍵在於我們不懂得如何拿捏衡量程度，可以練習在你能接受的髒亂程度中，做適當的接受和安排。

若覺得狗狗踩沙子泥土很髒，可以帶牠走一段草地或柏油路，讓腳掌裡的砂土掉下來，回家再做「簡單的清理」即可，這指的是用稀釋的清潔劑沾在布上，擦一擦就好。我遇過一個個案是每次狗狗散完步後，主人會端出水桶和洗毛劑，認真幫牠清洗。狗狗的身體油脂分泌與人類不同，過度清潔會讓牠的皮膚變得敏感，牠也會變得經常啃咬、舔腳或很排斥被碰手腳。

有些時候，牠只是單純好奇想體驗踩水坑的感覺，並不代表每次都會去踩，可以在比較悠閒散步的那一天，讓牠試試。如果不給點機會，狗狗容易變得急躁挫折，用力地拉你去任何地方，或你需要帶開牠時，牠堅持抵抗。當狗狗堅持已見時，我們要想想牠是否擁有足夠變化和選擇嘗試的自由？在提供更多選擇後，牠便能慢慢接受一些你會需要帶牠離開的情境。

1. 用全身去磨蹭感受當下的環境。2. 如果怕砂子不好清理，可以在回家前先帶牠走一段草地。3. 有時候狗狗只是好奇想要踩踩看水坑。

味覺

那味道吃起來是什麼感覺？你可以準備不同的味道滴在稀釋的水裡給狗狗試試看，看看廚房裡會有的食材，例如：檸檬汁、醬油、薑黃粉、糖、橄欖油、五香粉、蜂蜜等，想想人是否偶而會吃的過油過鹹？偶而為之是不要緊的，更何況人規範狗狗飲食的毅力，絕對比規範自己得好。有一些天然的東西你可以經常補充給牠，像是魚油、椰子油、蘋果醋……等。

我覺得我們都被一些思想給荼毒了，因為看了許多關於挑食、健康等文字或訊息，變得極為限制狗狗能吃的東西，一點點都不願意嘗試。這並非表示健康不重要，或歡迎狗狗挑食，而是在危險與風險之間，是有一條界線的，雖然不好拿捏，不過，在衡量滿足感官所帶來的好處下，把握原則，也需學會適時承擔風險，勇於嘗試，偶爾擁抱失敗的結果。在味覺部份的豐富化可以很有趣，而我見過的多數狗狗都很喜歡，希望大家能鼓起勇氣試試。

勇於嘗試不同的味覺，擁抱偶爾失敗的結果。

嗅覺

嗅覺對狗狗極為重要，牠從嗅覺得到的回饋比人多很多，到處都有值得牠使用鼻子的地方。《換一雙眼睛散步去》的作者亞莉珊卓・霍洛維茲（Alexandra Horowitz）說：

"Let them sniff. Their world is made of senses more than sights."

「讓牠們嗅聞吧！牠們的世界像是由不同的氣味創造組成的，而非視覺。」

從上班的地方、社區資源回收場蒐集一些東西，如喝完咖啡的紙杯，回收舊衣物等，這些氣味都能豐富牠的生活。也可以找朋友做「交換生活」的活動，把不同人／狗用過的物品，提供給狗狗體驗氣味。我會和朋友準備幾個自家狗狗不再有興趣的玩具，一起攤開來挑選各自喜歡的。也許我們沒辦法交換狗狗過不同的生活，但能交換彼此的氣味，互相體驗對方的生活模樣。

Pee-mail 狗狗都有幾個共通的喜好地點，好像用來收 pee-mail，聞到其他狗狗的尿味就也跟著尿一泡。這無關佔地盤，而是和人一樣，只是臉書打卡，留下到此一遊的證明。

練習｜一週安排一到二次探索陌生環境

你是否好奇過一個朋友的朋友？好奇不同國家的生活方式？我們會上網查，也可能實際到當地走一遭，得到相關資訊及知識，即便沒人給我們錢，還是覺得很有趣。

下班後已經沒有腦力的我們，經常帶狗狗到同樣的地方散步，這對牠可是很大的損失。好奇心是狗狗探索不同地方的生存要點，牠原始的生存方式必須到不同地點覓食，若在陌生的環境中被嚇到，牠要能自行平復並再度嘗試不同的機會，也會在移動的過程中，不斷評估目前的危機與風險。如果一旦被嚇到就再也不嘗試，是很難生存下來的。所以，需要好好運用狗狗的好奇心來協助牠。

每週帶狗狗到牠從未去過的陌生地點一到二次，是我一直維持的習慣。到了陌生地點後，我會特別保持安靜，放慢腳步，陪牠探索四周，當牠停下來聽聽看看環境，我也會朝四周看去，當牠開始嗅聞，我會等牠聞完再走。這作業雖然有點讓人傷腦筋，卻是會讓你很有收穫的練習。

利用探索新環境，改善社會化不好的狗狗

如果你有一隻「社會化」不良的狗，探索新環境會是需要經常做的練習，帶牠到從未去過的地點散步，讓腦袋重新啟動，透過陌生的感官刺激（視覺、聽覺、嗅覺、觸覺、味覺）累積經驗，加強牠在面對新事物時，能有更快更好的觀察及自我調適能力。

在狗狗接觸陌生事物後，身體腦袋都需要加班，也會帶來一些壓力，建議回家後安排約三至四小時的時間，讓牠好好休息。雖然探索陌生環境有很多好處，但不適合每天都做，利用一週較有空檔的時間進行即可，這能幫助狗狗持續維持擁有新的社會化經驗。

狗狗會用好奇心觀察一些事物，這樣可幫助牠評估目前狀況是否危險，這是很重要的經驗累積。只要不危險，請讓牠用著自己的步調與時間來完成。

哪些地點適合跟狗狗一起探索？

什麼地點適合跟狗狗一起去進行探索呢？只要安全並且人車少的地方都可以。環境單純可讓狗狗專心探索，不需要一直留意或被週遭事物干擾。把握平常自己上下班或跟朋友聚會等機會，走走看看留意合適的地點，或是一週花一次十到十五分鐘的車程，蒐集家裡附近的合適地點。我想這些地方可能會是：巷弄、公園、假日的公家單位、露天停車場、資源回收場、朋友家等。

需要注意的是，有時會遇到一些對狗狗不友善的地點，但這不代表我們就得老是在幾個重複的地點散步。如果是自己沒去過的地點，可以先自己去場勘，紀錄該地點有哪些地方是需要留意的，例如：轉角有一隻被綁起來的狗會激動吠叫、這一個停車場不歡迎狗來等。

這個探索陌生環境的練習，雖是在安排不同的感官刺激給狗狗體驗，但也需考量「人」這個因素，除了自己的個性喜好外，還有地點裡面的「人」也會是我們需要考慮的，例如：帶狗狗去像是為狗舉辦的市集、寵物餐廳、狗公園等，這便太過刺激了，這些地點的目標雖是為了「狗狗」，但我們不太了解會有哪些人、狗來，地點一複雜表示需要注意的人事物就變多而得分散心力，人跟狗狗都無法好好專心體驗，這就不太符合這個練習的主旨了，記得任何練習都要試著放慢腳步循序漸進。

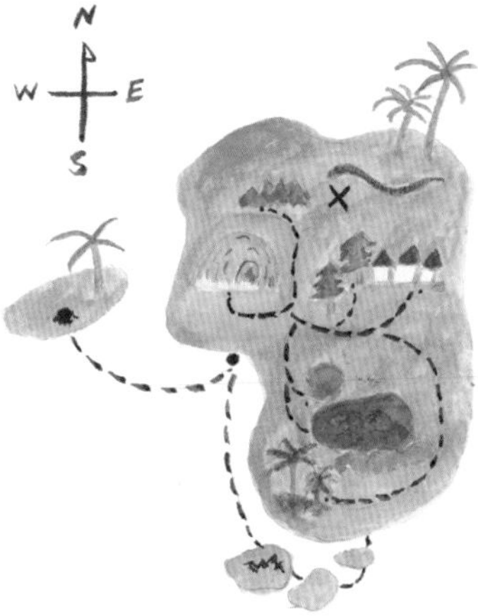

1/2 1. 探索陌生環境，能帶給狗狗不同的感官體驗。2. 跟著狗狗一起探索新的環境。

溝通ー了解狗狗吠叫的原因與意義

在處理吠叫問題時，我留意到很多人常沒有發現自己總是帶著沮喪挫折地說：「我不懂牠為什麼要這樣？」不過，在有機會了解狗狗時，卻又拒絕學習。什麼時候是我們可以學習的機會呢？當牠汪汪叫發出聲音的時候。

首先，我們要知道，吠叫具有溝通的意義，這是狗狗在跟我們表達，不管牠是怎麼出聲的，你都必須回應，所謂的回應，不是跟牠說話，更不是罵或大聲遏止，而是需要對當下的狀況做出處理。明白這些聲音的用意，便可幫助我們做出合適的回應，也能減少狗狗無止盡的吠叫。

我能想像當樓下鄰居已經很討厭你們，而這棟大樓的隔音又很差，你的處境有多為難，會希望狗狗馬上閉嘴，不要出聲音。因此你更需要明白為何要了解狗狗吠叫的用意，找到原因才能解決問題。若是狗狗的聲音是出自於警戒，即便你說「噓！閉嘴！」牠仍對眼前的狀況感到不安，那平日就得從「社會化」著手，幫助狗狗學習人類生活事件，才能降低也牠對許多事情過度反應。

你是否聽過狗狗像是下面這樣表達呢？
「快點快點！我要出門！」
「我警告你，不要再拿那根棍子對著我了！」
「天啊！你去哪裡了，快點回來！」
「幫我！我的球掉到沙發下了！」
「你這可疑份子，快離開我家！」
「我警告你！不准靠過來！快點離開！」

歸類起來後，採取忽略或制止狗狗吠叫，你會發現對整件事完全沒有幫助。警戒吠叫、恐懼吠叫、習得吠叫等都是狗狗說話的方式，我不認為狗狗應該要是啞巴，但我同意需要改善狗狗過度吠叫的問題，因為過度吠叫會影響牠自己或其他人。

吠叫一直都是很重要的議題，許多被遺棄的狗狗，原因都是主人認為牠太會叫了。但事實上並不是狗狗天生喜歡叫，而是我們不曉得要怎麼幫牠。如果一隻見到任何事情都吠叫不止的狗狗，需要的絕對不是一句「閉嘴！我說了閉嘴！」而是要協助牠進行社會化練習，幫助牠認識這個世界，學習這些日常生活大小事是安全的，這麼一來，狗狗也不需要常常大驚小怪。在了解吠叫的原因並試著解決問題前，請盡量減少責罵，因為那沒有任何實質的幫助。

狗狗的吠叫分成很多種，應試著了解背後的原因，才能解決問題。

猜猜誰是牠的模範？

你有聽過「狗狗很像你（主人）。」這句話嗎？我經常聽到，也常看到狗狗的行為受到主人反應及處理方式的影響。當我們還很年輕時，面對一些還不知道該如何處理的事，常會看看身邊的人是怎麼做的，或參考比較親近的對象，狗狗可能也是這樣子，牠的範本有時候是其他的狗，有時候是人。

奇比是一隻年齡二歲的紅貴賓米克斯，體重只有四公斤。他們的生活其實都沒有什麼問題，不過，因為最近搬家的大樓有很多人養狗，而且都是大型犬。來上課的媽媽說：「我自己很怕大狗，看到會很緊張，完全沒想過自己要養狗。碰巧遇到牠，不知道為什麼就覺得要養牠。奇比小時候還好，但長大後，看到大狗會很激動的吠叫，我在想是不是我自己的原因。」

或許是因為媽媽看到大狗時，會慌張地抱起奇比離開，這個緊張的情緒讓牠連結每當有這樣的情況，媽媽就會變得很緊張，也或許是因為奇比總是被抱走，所以沒機會好好去練習互動。如果人也是狗狗的參考對象，那麼我們先幫助自己，自然而然就能改善牠對事情的看法，所以幫助奇比媽媽的方式並不是直接告訴她大狗沒什麼好怕的。

我們安排了課程，讓媽媽自己來上課，介紹了狗狗的肢體語言，並找來溫和的大狗，與媽媽一起觀察了解很多時候，大狗並不總是會直接衝過來，雙方都可以從容地繞開等。媽媽和奇比在這些機會中，慢慢地認識不同的狗狗，從相處的過程中得到安全感。我覺得老天爺很懂人類，有些課題祂派了人來教，我們就是不肯學，不過，當祂派出了狗狗，我們毫不遲疑就能願意學習跟改變。

「你很吵，你不要一直跳，你幹嘛這樣。」這些話很可能在不合適的事情上給予過多的關注，或者無意間加強了狗狗的行為，尤其，當我們一直企圖制止狗狗時，也錯失了處理該事件的時機，因為只是對著牠唸，而非試圖改變當下發生的事情，或許需只要轉身離開，或許只是需要把窗戶關起來一陣子就好了，要先改變自己的身體動作，光唸是沒有用的。

「如果你不想狗狗經常汪汪叫，就別常常唸牠。如果你不想狗狗咬你，就別常抓牠。」我很喜歡用這兩句話來提醒主人如何對待狗狗，記得把你的焦點放在如何改變／扭轉事情發生的模樣，希望你能體會到它的重要性並開始著手練習。

NOTE

推薦閱讀《狗狗在跟你說話！完全聽懂狗吠手冊》，吐蕊．魯格斯在這本書中介紹了許多不同類型的吠叫，能幫助你了解狗狗當下可能的狀態以及怎麼做會比較好。

常見的狀況－保護資源與需求

狗狗對於任何跟食物扯上關係的東西，都不單單只是感情，而是需求驅使，也就是「食物，就只是食物。」不管它是不是過期了、出現在奇怪的地方、就連你吃完飯擦嘴巴的衛生紙（廁所已經被使用過的衛生紙），對牠來說，都非常美味！不，我應該說，對於整個世界都是由嗅覺所組成的狗狗而言，上述的東西都非常「好吃／好聞」。

這點在人類看來，比較不能理解。因此當我們「好心」想幫牠拿走嘴巴裡的垃圾；或在狗狗快靠近時，我們快速地衝向前拉走牠，狗狗除了覺得奇怪外，突如其來的打斷，也讓牠多了許多不安，有些比較沒有安全感的狗狗，會更想要捍衛自己的權利，曾有學生帶著狗狗來上課，想解決牠瘋狂熱愛檳榔渣的習慣。

此外，當狗狗來到家裡幾個月後，你也可能會發現牠對於某些物件擁有特殊的感情，牠認為這物件比其他東西來的重要，例如：你那一雙破破爛爛的拖鞋、下班後脫下的襪子。有時候我下班回家，會見到我的狗糖睡在我的某件外套上，那件外套本來掛了起來，不過牠溫柔沒有弄破地咬了下來，將外套鋪成一個圓形，窩在上面睡覺，這些就屬於對牠們有意義的物品。

狗狗為了保護資源，會出現哪些行為？

狗狗對於某些物件可能有的感受、感覺、喜好，希望大家能理解為什麼牠會特別執著在這些事情上，尤其這延伸到接下來你可能會遇到的問題——即保護資源，狗狗會為了保護這些牠想擁有的東西，而做出警戒防衛，甚至被刺激而攻擊，像是低吼、掀嘴皮或開咬。原則上，資源代表的就是安全感，特別是食物和睡眠，倘若狗狗在家裡的生活，三不五時都會被主人奪走東西，那麼牠就會變得更加警戒防備。

例如，有些狗狗當主人伸手過去拿牠嘴巴東西時，會咬上主人好幾口，也有狗狗叼了一隻襪子到旁邊，當主人拿出零食拋在遠一點的地方時，牠想了好一陣子，接著衝去咬了在場所有人的腳，再回頭叼著襪子到零食旁邊，放下襪子吃零食。這並不是要大家都算了，不用管牠拿什麼，因為確實有些物件會可能讓牠受傷。不過，遵守以下原則，那麼在衝突狀況出現時，就能有比較好的作法與結果。

若狗狗有保護資源的行為時，在餵零食需特別注意，避免牠們為吃打架。

狗狗對於資源的定義是什麼？

要如何解釋這些東西對狗狗的定義呢？我會這麼形容。在茶几上的手機或遙控器，不屬於任何人的，但是今天你的手握著遙控器，遙控器當下就是你的；放在洗衣籃的襪子不屬於誰的，但今天狗狗咬到襪子或將襪子放在牠腳邊，襪子當下就會是牠的。如果當狗狗在沙發上找到（咬著）一個錢包，你向前試圖拿回來，當下是你便是企圖搶奪牠的錢包。

角色對換，或許你比較能體會牠的感受，要是你經常被某一個人搶東西，你平常見到那個人的心情會是？當你拿著美味三明治，在看見他之後心情是否會改變？當他只是經過你旁邊，你會不會覺得他隨時都可能要偷你東西？你會試著捍衛？還是你會一拿到三明治就馬上逃到你覺得他搶不了你的地方？

狗狗的資源有很多種，有時連躺在牠旁邊的人，也算是牠的資源。

面對護資源的狗狗，你可以這麼做

接下來要來講講人們經常困惑的部份，以及在面對保護資源的狗狗時，可以做些什麼來事先預防？

讓牠好好擁有且不被打擾

當狗狗在墊子上咬著你剛給牠的零食，別試圖過去表達善意，稱讚或摸牠，只要讓牠好好擁有且不被打擾，這便是最大的善意了。睡覺或休息更是不該打擾，雖然我們一樣是想表達「哇～你好乖好可愛～」，但這可能會讓牠嚇到不安心，進而影響牠的安全感。

提供小驚喜

在家裡提供一些小驚喜讓牠自己去找到，這是我很喜歡的練習，由我的訓練師好友 Eric 分享的。可以準備一些狗狗的玩具、任何你願意給牠啃咬咀嚼的東西，例如：早上吃完的蛋餅盒（將醬料擦乾淨）等，放在家裡的不同位置，當狗狗忽然意外發現這些東西時，牠會興奮咬走慢慢研究。這部份也能讓你累積「不打擾」牠的經驗。

超值交換

在不打擾狗狗或牠自己找到寶物（驚喜）時，或許偶爾撒一些零食，讓牠自己決定何時要過來吃零食（放棄原本的東西），假如牠已經對資源很沒有安全感，會需要做更多練習，也就是花時間，幫牠累積更多的好經驗，給牠擁有資源的安全感。

但基於安全考量，有些東西是真的得拿走，朝著狗狗會離開物件的方向一步一步撒零食，讓牠可以放下嘴巴的東西，邊吃著零食邊離開，記得要超值的交換才有吸引力（更多零食），這不僅可以拉長時間讓你有辦法收好東西，牠也能吃得開心。零食太少的話，也許牠下次更不願意離開，或是叼著東西到有零食的地方邊吃邊守，也可能是先把大家咬一輪再說。

最後，提醒大家要冷靜，因為我們的反應及行為，可能讓狗狗更加警戒，趕緊吞進去免得被搶，這才是更可能讓牠受傷的！不打擾、經常提供合適的啃咬物件，讓牠獲得滿足，並對我們產生信任感，那麼，下次當你不得不拿走時，你會發現牠雖然失望一下，但並不會影響你們的關係。

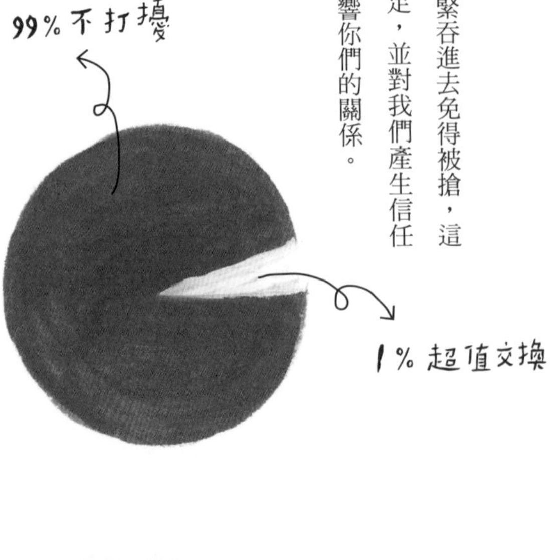

Chapter 5

First Six Months! Everything Gonna Better

滿半年！狗狗似乎比較適應了

成長需要一點時間，狗狗的青少年行為

即便不是從小養起，狗狗也可能在我們接手的時候，才開始認識這個世界，我們會有一段動盪的期間。牠剛脫離依賴母親的階段，越來越能控制自己的身體，不再像小時候常跌倒，現在原地可以跳很高，不過，因為身體還在變動，有時會影響情緒，可能是看到人就叫、聽到聲音就氣得直跳腳，彷彿沒什麼中間值，這也是你開始感覺困擾的時候，叛逆期正要開始。

成長，需要一點時間。維持原有的例行公事，好好帶牠出去散步，提供社會化的學習機會，並且調整這些事情的難度，六個月過去，牠會需要一些挑戰性。記得這時面對的不是問題行為，只是一段很混亂的過渡期，這階段總讓傷透腦筋，你可能會遇到下面的情境：

青少年時期宛如脫韁的野馬。

掙脫牽繩或胸背

教導喚回練習，在這時候「喚回」可以發揮七成的效果，所謂七成是指牠能夠平安回到你身邊被牽上繩子，失敗的三成在於牠還是很喜歡這麼做。

比小時候更討厭看到你出門

牠不是忽然患了分離焦慮，而是外面的世界更好玩，牠也不想自己待在家裡。除了提供環境豐富化，藏些零食在家裡外，回家後好好帶牠出去放風，接受牠是青少年的事實。

跳到桌上找東西吃

無論是大型犬還是小型犬，牠的身體開始靈活，期待找更多東西玩，收好桌子吧！因為這是接下來都得做的事，牠開始搆的到任何東西了。

破壞任何東西

把你打包換季的袋子咬破，將冬天衣物咬出來，整個房間都飄著羽毛。這對牠來說，是非常好玩的遊戲，我們也只好接受了，將東西收好，或許你可以安排類似這樣有趣的玩具給牠。

執著特定物件

也許牠會把雜誌撕成碎片，同時混著打翻的花瓶水。青少年的身體似乎經常會賀爾蒙大爆發，莫名的煩躁，需要發洩，也可能執著於啃咬某個特定的物件，提供給牠好玩的活動，接受他這期間的失控，能減少更多問題。

調皮與自信正是青少年時期的特色。

你希望牠長大後，是什麼樣子呢？

這是我自己喜歡的樣子——勇敢、自信、淡定，和你在一起時還是有些俏皮。牠不再是一開始的模樣，朝著未來成熟穩定前進，牠需要一點嘗試或挑戰，也發現自己不用花這麼大的力氣去適應。

牠會向不喜歡的事情說不，自己保護自己，在這階段牠也開始對一些狗狗感到反感，可能是硬湊過來緊黏著牠屁股聞的狗，牠會低吼或汪回去，叫對方後退。這不是壞事，也不是牠開始討厭其它的狗，而是牠在練習保護自己。這麼一來，牠可以在自己願意的時候，讓別的狗聞一聞，不願意的時候，牠也知道如何解套。

當然也有一些牠不喜歡，但你得對牠做的事情，例如：出門回來後，牠不想讓你擦腳，牠喜歡玩水卻不想洗澡。對這年紀的狗兒硬著來是沒有幫助的，能做的事情是，讓牠確實有完整的紓壓管道，用比較流暢的操作技巧來讓牠了解生活。還是那句，成長，需要一點時間。

你希望牠未來是什麼樣子呢？

常見的狀況1 坐車去遠一點的地方

對你的狗狗來說，坐車通常表示一起出去玩還是看醫生呢？如果是看醫生的話，可能會影響牠的坐車意願。不過，更多狗狗對於坐車感到不適的原因是像搭飛機一樣，艙內的壓力讓耳朵感到不舒服。下面列舉大家較為常見的乘車方式與方法。

以為短程移動為主的機車

1 待在不會發動的機車上

如果狗狗還不是很會跳上機車，請抱牠上機車，只需要停留一下下就好了。讓牠自己選擇坐著或是趴著，因為接下來發動時，需要以牠自在能保持平衡的姿勢，比較安全。

2 不發動但人前後移動的機車

人坐在機車上，引導狗狗上來前方的腳踏墊或籠內後，不發動前後移動機車，讓牠適應周遭的變化。

3 發動但不移動的機車

先發動車子後，再鼓勵狗狗上來，讓牠待幾秒鐘就下去。如果是先上來，車子忽然發動，牠可能會被嚇到。

為確保人狗安全，機車腳踏板載狗，建議以家裡附近的短程移動為主。

❹ 發動後短短移動幾公尺

車子發動後，人一樣坐在機車上，引導狗狗上來後，用腳前後移動（不轉動油門）。

❺ 騎短短幾公尺再平緩煞車

狗狗會需要適應加速時會有的震動感，並且在煞車時保持平衡，平緩煞車這重要，可避免狗狗在搭車或停車時，不知道如何保持平衡而不安。

以為長程移動為主的汽車

狗狗容易因車內的聲音感到不適，可將汽車的窗戶打開一些，讓空氣流動，幫助牠適應平衡。帶點零食讓牠在車上吃，可自由移動，開一小段距離後，找地方停下來，讓牠下來走走尿尿紓壓。在確定狗狗能夠安心待在車內空間後，就可以幫牠準備狗用安全帶或牽繩，來固定於車椅。建議確認狗狗可安心在車上後再使用。如果你的狗狗是老犬或傷犬，可能無法自行平衡，需多加留意。

如果狗狗還不會做坐機車，要先從不發動摩托車開始，讓牠慢慢適應。

狗狗搭汽車，記得繫上安全帶。

大眾交通工具、寵物旅行袋及推車

使用大眾交通運輸工具，狗狗通常得待在旅行袋或推車裡才能搭乘，除了學習進寵物旅行袋的技巧以外，請幫牠選擇比較空的車廂及沒有人潮的時段，減少牠搭車的壓迫感。

在家裡先讓寵物旅行袋或推車平放在地面，讓狗狗能夠輕易地進入，若是旅行袋很軟，會需要使用工具把它撐大一點，讓該空間越舒服越好，最好是能讓狗狗叼著零食進去裡面吃，培養牠待在裡面的意願。

近年來大家喜歡攜帶狗狗的方式，就是使用推車，這麼一來，可以帶牠到很多不同的地方去，但是狗狗最喜歡的還是用自己的腳走，如果要去的地方是牠得長時間待在推車裡的話，就表示這個地方不適合狗去，儘管店家允許帶推車，但我仍希望你可以多加考慮。與其推著推車帶狗逛百貨公司，不如人自己好好逛，也較能顧及公眾場合不喜歡狗的人的感受。

視情況，適時地使用推車。

練習——活化狗狗的身體與心智

我們最容易在不知不覺中忘記要提供機會讓狗狗使用腦袋，或是給牠的活動總是一成不變，卻期待牠能在這三、四個益智玩具中找到新花樣。狗狗跟人一樣，在遊戲中能不斷自我突破自己的極限，還有加快反應的速度，忘記變化難易程度是一般常沒有留意到的重點。調整遊戲的難度，也能讓自己有動腦的機會，一開始可能有點難，但後來會發現自己越來越有生活創意。

活化身體與心智的方式可分成兩種，一種是前面介紹過的嗅聞遊戲，狗狗可掌握自己的方式及步調，另一種是可以和主人一起行動的「協調練習」，可讓牠體驗平常沒機會用到的感官、保持身體平衡，以及伸展肌肉，這同時也是老年後的身體根本。

跟著狗狗感受環境帶來的回饋

想一想狗狗被我們飼養後，牠那與生俱來的本能又該何去何從？協調練習就可讓牠的本能有所發揮，作法很簡單，散步時挑選有些障礙物或是高高低低的地方，多數是大自然，草地、佈滿落葉的地面、沙灘，都是很好的選擇。讓牠用身體去感受，我們只需觀察四周，放鬆牽繩（或不牽讓牠拖著繩子）跟在狗狗的旁邊即可，這個活動至少兩週一次，讓牠有打開身體的機會，可先從封閉安全的地點開始。

嘗試先站著不動，在前二十分鐘保持安靜，讓牠自由活動，再慢慢地朝著某處走。你可能會看到狗狗自動回來，輕輕用手摸摸牠，將手鬆開再給牠自由。過個幾次，呼喚牠的名字，當牠靠近時，給牠吃個零食再放開牠，讓牠有被「喚回」的概念，這樣在做其它活動時，就能有更多的地點選擇。當你決定準備要回家時，牽起長牽繩，別急著馬上離開，陪牠待在那個區域再走走看看，等牠情緒緩和了再回家，這能減少狗狗抗拒被帶回家的機率。

1. 嘗試不同的地點，讓自己跟狗狗一起慢下來。
2. 跟著狗狗一起感受當下的環境。

障礙物遊戲培養人狗的默契

除了狗狗自身協調外，也要加入狗狗與主人的默契培養。人是第一個需要協調的角色，學會運用自己的身體，意識到自己的肢體動作如何改變，這都會影響狗狗的動作。

使用零食或是自己的身體動作，引導狗狗進行緩慢的障礙物遊戲。留意我說的「緩慢」，太快速的活動，牠可能會不小心傷害到自己身體，對於比較膽小緊張不敢自己走的狗狗，就能先從這個活動開始。一起跟環境互動，在沙灘上輕鬆地跑跑跳跳，在這個樹叢小跑步穿過幾棵樹到另一個斜坡去，這也是讓大腦思考怎麼使用自己身體的機會，狗狗也會跟著這麼做。

牠可能跳上左邊的平台，自己磨蹭地面，再自己跳下來。人跟狗都該學會安全使用自己的身體，如果你期盼牠在未來日子不會容易拉傷、步入老年不會太快出現骨頭關節問題，提供這樣的機會給牠會非常有幫助。

人用動作引導狗狗，在沙灘小跑步，一起練習使用自己身體。

2 | 1
3

1. 讓狗狗自己嘗試走在不同高度、材質的地面。2. 利用掃把、棍子佈置環境，狗狗可以練習提腳，保持身體平衡。3. 觀察狗狗與環境的互動方式。

進階——戶外版嗅聞遊戲

我的狗狗幾乎每天都有戶外嗅聞遊戲，這能讓牠們更開心。狗狗喜歡用鼻子挖掘這奇妙的世界，即便足跡消失，什麼都沒看見，但氣味讓這些事情留下看不見但確實存在的證據。如果你的狗狗有一個好鼻子，牠的世界一定是彩色的。不過，即使狗狗在過去沒有特別運用鼻子，但透過練習牠也能很快學會。有些狗狗天生或後天喪失聽覺或視覺的能力，但失去嗅覺能力倒是很少見，因此我們能幫大部分的狗狗獲得更多的快樂。

我明白你可能會有點擔心牠是否會因為這個遊戲開始亂吃或誤食，雖然兩難但希望大家衡量狗狗的需求。我們能小心一點巡視周圍的環境，避開危險區域，如果經常去散步的地方，狗狗總是能找到外食，那麼不管是否進行嗅聞遊戲，這個地方便不適合牠去，因為每當牠前往該地點時，就會打開準備吃自助餐的模式，未必會好好地使用腦袋探索四周。

樹根、落葉都是很好玩嗅聞遊戲的地點，也可以讓狗狗藉此練習身體的平衡。

善用環境中的一切，增加變化，發揮創意。將食物撒入草地，狗狗雖然看不見，但能讓牠好好使用鼻子。樹根高高低低，除了很好藏食物外，牠也能踩在上面練習身體平衡。有時我會將狗狗先固定在其中一把長椅，將剪好的零食快速地藏在前一排長椅的椅背、椅腳、椅子下等地方，再牽狗狗去搜尋。丟棄的家具也是很有趣的地點，家具帶著其他人家中的味道，牠在找零食的過程，也參雜了不同氣味，這遊戲也適用於散步完不想回家的狗狗。

善用環境中現有的物品，增加變化與難度，讓狗狗好好使用鼻子。

有趣的背包散步

背包散步的時間約為一至二個小時。準備好背包裝進你覺得可以派上用場的物件、零食，玩具等，帶著狗狗一起出門散步（因為有遊戲的部份，建議以安全合適的地點為優先考量），以一個圓圈循環的方式，散步聞聞，一起坐下來休息分享食物，再設計一些小機關看牠動動腦，或是跟牠一起玩障礙物遊戲，引導狗狗慢慢穿過或跨越障礙物，增加自己與狗狗的默契，最後收拾背包，再牽著狗狗慢慢散步回家。

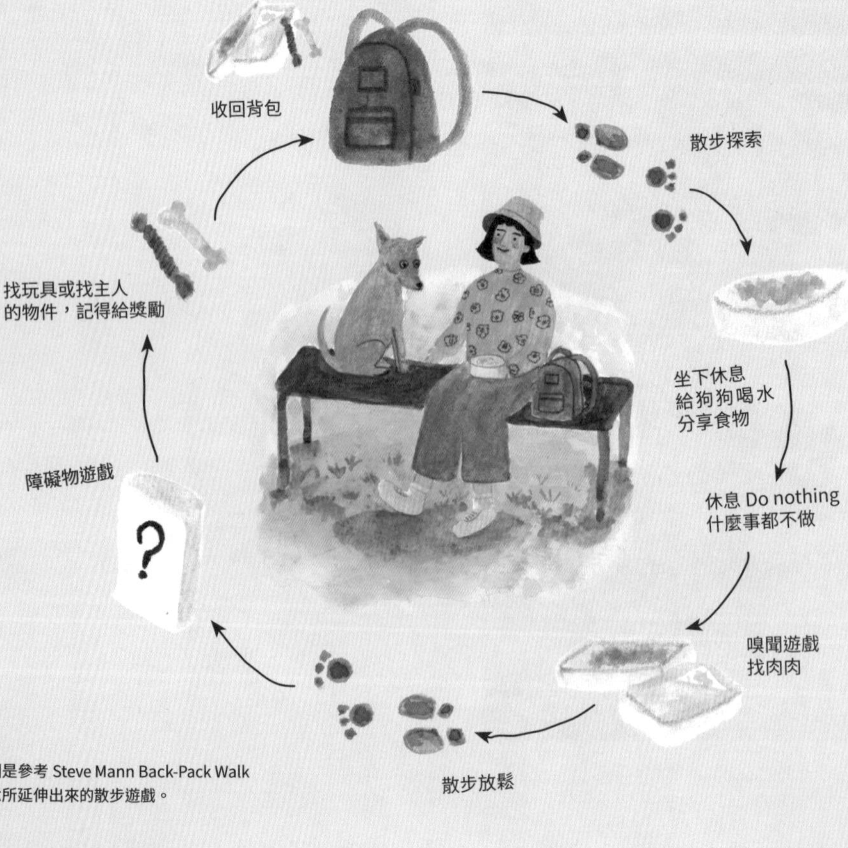

上圖是參考 Steve Mann Back-Pack Walk
概念所延伸出來的散步遊戲。

狗狗心目中的理想好「狗」友

我們都希望能幫狗狗找到好朋友，看到牠開心的跟其他狗玩耍，是一大滿足。不過，是否能找到合適的狗朋友，除了緣份以外，身為主人的我們其實能幫上很大的忙哦！

如果你的狗狗年紀很輕，牠自然會偏好找能玩耍的狗一起同樂，跑來跑去，互相追逐，偶而用手或嘴巴碰碰對方，但並不會把對方弄傷，在遊戲中兩邊是互相的，也就是你來我往，不會總是同一方在追逐另一方，另一方只有被咬的份。

簡單來說，狗朋友的要點就是「尊重」，對方的狗狗未必會喜歡一直瘋狂的玩耍，但兩方的狗狗會尊重彼此的決定，假若有一方不想玩，另一方或許會失望，但牠能接受這個答案。要如何觀察？我們換成狗狗的肢體語言來看看。

狗跟狗之間的肢體語言

如果你看到兩方狗狗的肢體動作相似對稱，例如：一起撇頭；一起側身；一起趴下來，這樣的呼應表示彼此都有在留意對方的反應，是很好的開始。

我們在公園經常會看到的情境是：A狗已經趴下來了，B狗一直對著牠吠，好似表達起身跟我玩，趴下的A狗撇頭了也沒有用，接著，就起身彈跳、傻呼呼跑了跑又趴下來，那通常表示牠對於目前的狀況感到不自在，不希望更進一步互動。

儘管兩隻狗狗剛才玩了一下，但其中一隻狗希望休息或者氣氛和緩下來時，另一方不願意這麼做時，就是我們需要介入的時機，將不願意放棄的那隻狗狗帶開，拉開距離到別的地方走走聞聞，讓兩隻狗狗都能稍微休息一下，或許，再等一下子牠們就會在一起玩了。也有可能接下來就沒有互動了，那也沒有關係，因為牠們已經學到需要學的了。

3 | 1
4 | 2

1. 狗跟狗之間的聞屁股或被聞屁股，不是一定要做的事情。2. 抬高屁股邀對方一起玩。3. 強烈希望對方不要再過來，後退！4. 兩隻狗狗的距離很近，四肢挺直、背毛豎立、尾巴高舉，適時觀察肢體語言，才能避開衝突。

除了玩耍的樂趣，在這過程中，也要學習尊重對方狗狗的選擇，不窮追猛打，逼對方配合。這是我在公園中經常見到主人會沒注意到的情況，如果我們多做了這一步，結果會很不一樣。不識相的那一隻狗狗有機會學習冷靜下來，主動表示要休息的那隻狗狗從這次的經驗累積了一次與其他同伴互動的安心。

3 | 1 / 2

1. 你可能看過類似的景象，黑狗回頭吠叫或空咬，牠可能認為白狗太近。若是這時候若白狗後退拉開一點距離，停頓或動作放慢一點，多點安定訊號，或許黑狗就會接受了。這是狗跟狗之間的溝通，兩方都沒有什麼不對，我們要接受牠們的溝通方式。2. 右邊狗撇頭、左邊狗舔舌來跟中間的狗展現安定訊號。3. 為了避開與左邊的狗狗對視，讓彼此太過緊張，下方的狗狗（紅圍巾）做出撇頭迴避視線的動作。

幫你的狗找到合適的狗朋友

你家的狗狗適合哪一種類型的狗朋友？這需考量狗朋友的年齡與體型。體型小的狗，自然容易被體型大的狗嚇到，在路上常看見小型犬對著其他的狗吠叫，除了因犬種的關係外，還有就是過往的經驗累積，被其他狗狗嚇到的頻率較高，導致小型犬的反應更加敏感，大聲叫要對方不要靠近。當然也會有那種大叫是希望對方趕快過來，或是自己想要快點過去打招呼的狗狗。

這情況如果能認識溫和年長的大型犬，對牠會很有幫助。因為年紀輕的大型犬個性還很幼稚，彈跳起來很驚人，容易嚇到小型犬或幼犬。

可找大型犬年紀約三歲以上，我覺得五到七歲更適合，牠們通常有成熟的心智，有一些很願意陪年輕的狗狗互動學習禮貌，但也有些狗是不想進一步交流，但能接受小型犬與牠們保持一定的距離，不會想急著離開。

兩隻狗狗皆迴避眼神，左邊狗停頓撇頭，右邊狗則側身，接下來也可能會繞半圈。

幫自己的狗狗找到合適的朋友，可以幫牠累積良好的經驗，自然在後面遇到其它的狗朋友時，能有更成熟的表現。

話說回來，若你有一隻很溫柔的大型犬，請珍惜牠的好個性，別讓牠過度負荷。有些大型犬很溫和，不太會掀嘴皮警告其他狗狗，主人便不自覺忽略狗狗的情緒，安排牠太多陪伴小型犬或幼犬互動，一個月陪一次，就已經很多了，可以請小型犬或幼犬的主人再找找其他的對象。

雖然拒絕對方可能不好意思，但照顧好自己狗狗的情緒是我們的責任。若是小型犬或幼犬的主人願意花時間多找其他不同的狗狗，對牠們來說，也能認識更多友善的狗。

小型犬適合年長的大朋友。

不是每次都要興奮追跑才算交朋友

我教過的狗學生裡，曾經有一隻柴犬牠看到其他狗狗會激動地吠叫，也曾咬傷主人跟其它的狗狗，不過，在幫牠介紹了合適的狗朋友後，我們做的交朋友活動是非常平靜的，保持距離的一起散步、探索豐富化的環境、做些嗅聞遊戲。

到了第三堂課，我們約在一個陌生地點要散步，柴犬看到同學大老遠走來，開心地靠近，禮貌且短暫地與對方的狗狗聞了一下，就自個兒到旁邊的電線杆尿了尿，大夥兒再度平靜散步，休息時，牠們能縮短彼此距離並且躺了下來。自個兒離開或保持距離是交朋友非常重要的能力。

理想的狗朋友不會總是一直在玩耍，隨著年紀的成長，狗狗的肢體語言開始成熟，玩的時間會變得越來越短，以前可能是互相追逐三十分鐘、休息五分鐘，接著再玩三十分鐘；但成熟的狗狗可能最開心的互動會是前段的五分鐘，接著就開始各自嗅聞各自探索。

狗朋友見面並不會總是處於興奮激動的追跑狀態。

這樣的情境在人類眼中看來，可能會覺得太冷漠，不過，牠們依舊有在默默地互動，聞對方聞過的地方，跟著對方行走的方向前去探索。

讓狗狗經常見到自己的朋友，是很棒的事情。想想自己和朋友，或許你們不一定經常見面，但至少會用訊息保持聯絡。這些互動都帶來獨特的價值。所以，至少每二週幫狗狗安排一次見到自己的好朋友，這對我們自己也很好。

或許在你的生活圈，沒有一樣養狗的朋友，也許折衷辦法是跟狗狗散步時，在你的安全把關下，盡情地嗅聞外面的環境，讀取其他狗狗留下的氣味訊息。或是在遛狗時，與其他同樣有養狗狗的主人慢慢變成朋友，就可以經常交流。

讓狗狗與牠熟悉的狗朋友一起進行嗅聞遊戲，也是互相認識的一種方式。

生活原則——人狗都能有自己的時間與空間

在家裡時，大家通常都各自做自己的事情，偶爾說一兩句話，就又再回到自己的事情中，跟狗狗生活也是一樣的。一天到一個月的行程中，可以跟牠一起做哪些事呢？每一天可分成工作日與休假日，工作日：散步、完整活動、小訓練、摸摸；休假日則是依個人情況，可將每天要做的事循環二至三次。

每一天常態生活時程規劃

人	狗的時程規劃
起床～上班前	餵第一餐、散步十到三十分鐘（如果只有十分鐘，那就出去走五分鐘，回來走五分鐘）。 把握上班前這段時間，先佈置好環境讓狗狗自己學習動腦、消磨時間及休息。將第二餐或零食藏在豐富化的環境中，以及一至二個在前一晚已經準備好的自製玩具（如紙盒或衣服打個鬆結藏零食在裡面）。
下班	帶狗狗出去散步、上廁所、透氣（如果這段時間只有十分鐘，把長時間的散步留在睡前），餵第二餐。
做家事、陪家人	狗狗在你做事的期間，可以自己做完整活動，休息二至四個小時。
小訓練	將狗狗所需的目標訓練分成幾個小項目來練習，約十分鐘。
出門散步	這段散步時間需三十至五十分鐘，身心健康的狗可以拉長時間，膽子小或緊張狀態可縮短時間，但後面要慢慢拉長（這可以和下班後的時間項目對調，因為狗狗散步回來可以休息好幾個小時）。
摸摸	讓狗狗休息、在睡前摸摸，好好陪牠。

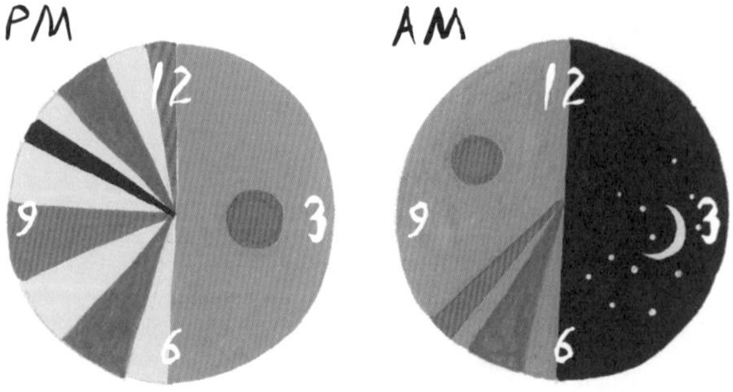

常態散步。 TTouch、摸摸。 小訓練。 狗狗自己可以做的活動。

休假日時程規劃

人	狗的時程規劃
起床～	餵第一餐、拉長時間散步三十至五十分鐘，探索陌生環境或聚會。
人放風	完成上面較花時間的活動後，讓狗狗休息四到六個小時，這段時間你可以在家裡休息或出門（依狗狗的狀況評估是否要在出門前佈置環境找肉肉）。
人回家	帶狗狗出去散步、上廁所、透氣（如果這段時間只有十分鐘，把長時間的散步留在睡前），餵第二餐。
小訓練	將狗狗所需的目標訓練分成幾個小項目來練習，約十至二十分鐘。
做自己的事、陪家人	狗狗在你做事的期間，可以自己活動、找肉肉、啃咬咀嚼活動及休息，休息二至四個小時。
睡前出門散步	這段散步時間需三十至五十分鐘（可以和起床後的時間項目對調）。
摸摸	讓狗狗休息、在睡前摸摸，好好陪牠。

一週時程規劃

SUN	MON	TUE	WED	THU	FRI	SAT
常態散步	常態散步	常態散步	探索陌生環境（視工作情況調整）	常態散步	常態散步	探索陌生環境（一週至少一次）
目標訓練						

- 一週的生活就是放進每一天及休假日的規劃，比較特別的是探索陌生環境，可視情況調整，但至少要一週有一次。
- 常態散步：從家裡附近開始。
- 完整活動：提供狗狗自己享受的樂趣。可以參考前面合適的啃咬物件、環境豐富化及嗅聞遊戲（適合每天玩）。
- 目標訓練：大多為可運用在生活中的目標訓練，如：身體照護、嗅覺任務、小把戲、拜訪動物醫院；生活型態異動或改變，如：搬家（先到新家附近走走）、拜訪朋友（可能有新生兒）或有其它家人要住進家裡。
- 摸摸：TTouch、溫柔摸摸與陪伴。

一個月時程規劃

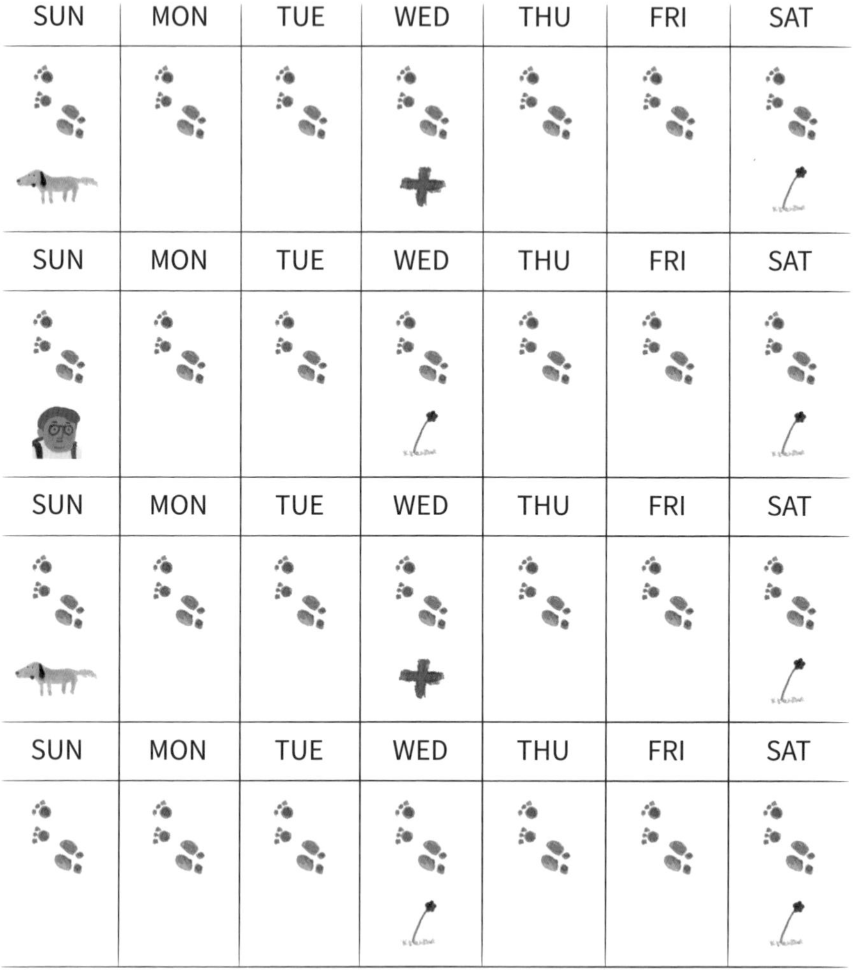

常態散步三至四次。

探索陌生環境（一個禮拜的其中一次可視情況調整）。

動物醫院簡單檢查或練習。

跟人類好朋友一起散步。

跟狗朋友一起散步或放電。

● 每一至二季，可跟狗狗一起旅行外宿。每一年需至動物醫院做健康檢查。七歲後每半年健康檢查，每兩週一個舒壓的活動，如按摩、游泳等。

Chapter 6

Happy First Birthday!

滿一年了！生日快樂！

一起生活滿一週年及滿一歲的意義

狗狗來到家裡的那一天，我們通常會訂定為牠的生日。未來的日子，會是一年一年地計算，計算個十多次，在牠離開的那一天歸零。狗的心智年齡，以人類的成長速度來看，是幾個月的狗狗，約等於幾歲的人類，二個月的狗狗就大概是二歲的小孩，一到二歲左右的狗狗，換算成人類是十二歲到二十四歲，也是國小到大學畢業，在這階段我們會遇到狗狗的叛逆期。

處於叛逆期的小孩，並非做任何事情都是錯的，只是我們有點難以忍受，他們似乎在挑戰所有的事情。這概念到了狗狗身上，會覺得狗狗似乎變得特別的固執，本來可以接受的事情不願意配合，對於其他環境事件的反應，牠們看不慣時，會生氣會吠叫。牠們也對什麼都好奇，嘗試評估每件事情並做出決定，正在變成大人，我們和狗狗經歷一樣的成長過程。

在你們的生活中，生活習慣趨於穩定，很多事情不再像小時候那麼讓人困擾了。例如：週末早上牠也會跟著你睡晚一點才起床；已經很知道去哪邊上廁所；本來上牽繩時會瘋狂咬牽繩，但現在上了胸背很自然就往門外走；之前對於坐車覺得有些緊張，不過現在看到車子會開心的跳上去了；認得對每個月會來家裡拜訪的長輩，像是歡迎你一樣歡迎他們；以前晚下班，你知道牠會自己再找更多樂子玩，但現在回家後卻發現衣櫥的外套都還掛放在原位，拖鞋一支一支完好沒被分屍。

外出散步會找車子底下的貓咪。

有點介意騎腳踏車的中年男子。

你們的生活默契早已養成，你知道如何帶牠，牠知道如何跟你互動。就算不是剛滿一歲，許多狗狗也是到家裡後的一年，才開始適應和你一起的生活步調。恭喜你們，在不知不覺中，已經克服很多問題。但此時，也有些事情的問題變清晰了，你留意到牠不是針對所有事情，而是對某些事情特別抗拒或抗議。這些問題也許真的會影響到未來的牠，例如：牠開始討厭一些狗，討厭時會邊吠企圖咬對方；討厭某些人，講話很大聲的中年婦女或是看起來壯壯胖胖的男子，牠遇到的時候，會主動衝過去對著他們一直叫；當你們散步到某個地方時，牠一定要看看每部車子下是不是有貓咪。

在日常生活中給予機會練習社會化

你忍不住說牠什麼都好，就某件事讓人比較困擾，也了解有哪些事情是牠不喜歡的，狗狗越來越有主見，未必是因為過去你沒有教導好牠，有些事可以由牠去沒關係，但也有些事情會需要擬定訓練計畫，一步一步地幫助牠。例如：今天下午有一個人來家裡修理瓦斯爐，讓牠很緊張，甚至晚上沒辦法提起勇氣去散步。這很正常，因為牠的身體需要時間調適處理下午的事件，耗掉一些能量，沒辦法拿出更多力氣面對晚上的散步。這時的牠要的練習，並非只是安排一個人來家裡坐坐，而是需要在平常的生活中，給予機會慢慢地鍛鍊身體與心智。

小大人的階段會維持一整年，可以賦予狗狗任務，讓牠遇到多一點事情，當然不是要求狗去照顧小孩，但牠確實能開始做一些成犬的事了。我相信腦袋（或稱思維）可以運作的時間長度，與狗狗面對變化的調適力有關。但這絕對不是去夜市鍛練，事實上，那些不適合的地點，希望你這輩子都不要帶牠去。

可以開始規劃拉長牠散步的時間，這同時能幫助狗狗使用腦袋與身體。現在的牠已經脫離半小時散步就用光腦袋的階段，即使半小時過去牠依舊很有精神，也不會因為疲憊對外界的事情過度反應。事實上，牠很可能想要走更久的路，偶而還會往平常不會散步的路線走去。

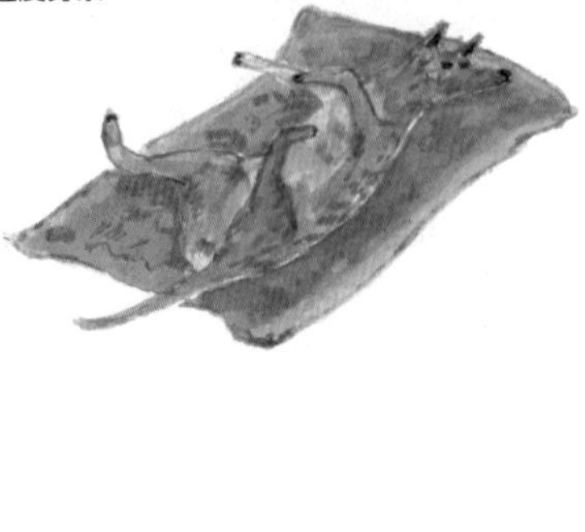

跑趴的行程對狗狗來說是過度勞累，不是在「社會化」哦！

如果你的狗狗目前還是二十分鐘的常態散步階段，建議可以開始慢慢增加時間，未來面對不同的事件時，牠腦袋就能跑快一點。這部份很像我們能長時間連續動腦，專注執行一段時間的工作，不像小朋友容易分心。

要特別注意的是，這年紀也容易讓我們做出太多的過度刺激，因為覺得牠夠大了，在假日安排了滿滿的行程，早上一起睡晚一點，帶狗狗去吃早晚餐，吃完去大公園跑跑，再放進推車到百貨公司吹冷氣，晚餐再跟養狗的朋友約一起慶生。回到家可能已經是晚上八、九點，狗狗已經累攤在地睡著。牠看起來似乎很滿足，將肚子朝上翻過來睡，真的是這樣嗎？

不能在平日都不進行常態散步，但卻在假日塞滿所有行程。通常狗狗並不會連續讓自己面對這麼多事件（人也不太會），這樣反而沒有時間恢復，又得再度承受第二個壓力。壓力會讓狗狗的身體失調過度勞累，長期下來，想彌補狗狗平日無趣的生活，但那些假日活動似乎也沒什麼成效，你想要的「社會化」也沒什麼效果。沒有崩潰，已經是慈悲了。

以狗狗的視角來看，去夜市是驚嚇而不是練習適應生活。

Day Off! 你可以離開一下

「你該休息了。」我跟主人這麼說。我遇到許多盡責認真做練習的主人，他們剛好都有一隻較敏感的狗狗，甚至再加上難搞的親朋好友或鄰居，當狗狗的訓練表現不如預期時，身邊的聲音通常是阻力而非助力，壓力排山倒海而來，對主人而言，更是身心催殘。狗狗跟人都需要時間做調整改變，在卡關的時候，與其說「你一定哪裡做錯了，所以才這樣！」我更想說的是：「老天爺在提醒你休息一下，才能迎接更進一步的練習。」

上一個哭著告訴我「我真的已經盡了很多力」的主人，那一堂課我們開車到狗狗熟悉的寵物旅館去，將狗狗跟狗狗的東西留下，讓主人休息五、六天再去旅館接狗狗。這不代表狗狗不適合這個主人，或是主人應該要放棄狗狗，而是我們都需要休息再起步走。人狗的腦袋與身體可以在這段時間休息，整理思緒。再過一陣子，也許會想到在家門口放個盆栽，出門遇到鄰居從電梯走出來，可以迅速往回帶跟狗狗一起躲在盆栽後面。

所謂能執行訓練是指做好準備，可依照你的規劃及目前的技巧來練習。若處於措手不及的狀態下，沒人知道當下該怎麼訓練，我們能做的是環境管理，避免問題一再發生，將傷害降到最低。我們一直繞著狗狗打轉，狗狗也會壓力大，很多時候牠只想單純生活，可能因為主人很想克服那一個一個禮拜可能才出現一次的問題，進行了密集的訓練，讓生活都不像生活了，練習也容易變得盲目。記得適時喊暫停，訓練才會更加順利。

觀念｜建立狗狗的安全感與自信

我們都希望自己有一隻穩定的狗狗，狗好照顧人也輕鬆，或許還能跟牠一起做一些進階活動。如果期盼狗狗能穩定的話，牠會需要擁有足夠的安全感，不用過度擔心周遭而警戒，連結安全感的來源是生存，牠需要知道自己還有退路，才敢去嘗試各種不同的可能。

有安全感的狗知道不管你在家或不在家，家都是安全的，不需要在你出門後感到緊張；牠知道路上的行人不會對牠怎麼樣，牠可以自在地到處嗅聞散步；牠知道你不會帶著牠去靠近危險可怕的事物，當你牽著牠時，牠可以信任你的決定；牠知道牠的食物或玩具可以好好擁有，不需要在其他人經過牠時警告大家不准靠近。牠知道在家裡睡覺的環境是安全的，不需要在聽到聲響時，跳起來衝出去吠叫，試圖警告環境。

我們要怎樣幫狗狗建立安全感？當牠睡著時，保持環境不變，別打擾，讓牠可以安心睡覺；當牠正在吃飯，不用在旁邊盯著看，牠能回去舔幾口，檢查沒吃完的肉末，等牠吃完，過一陣子再再把碗收起來；當你帶著牠散步時，被公園的裝置藝術嚇到了，如果牠不願意自己靠近研究看看，別硬拉著牠過去（這麼做不是社會化），你可以自己靠近，或許下次牠了解自己有退路，會鼓起勇氣去認識看看，也可能牠會瞄一眼，就不介意了。狗狗擁有安全感，才會願意嘗試，信心才能在這個過程中慢慢建立。

分離焦慮與安全感的關聯

安全感也和許多主人擔心的分離焦慮，有很大的關聯。我會形容有些狗狗對家的定義是，有主人這個家才是安全的，主人不在這個家時，這個家似乎就不是個安心的地方。

因此，我更希望你能夠回頭想想，自己與狗狗的生活方式裡，是否有幫狗狗建立對這個家的安全感，讓牠覺得這個家是熟悉的且有信任感，牠可以在這裡安心休息、放心遊戲、卸下警備不需要看顧。在牠生活的這個家裡，牠是否知道自己不會被任意打擾？是否會得到尊重？是否能活得像另一個獨立的個體？牠是否有自己喜歡投入的活動？在某些事情上，牠可以有自己的意願？例如，當你叫牠的名字牠可以決定要不要靠近……等。

我相信，狗狗在某個程度上就和人類的小孩一樣。我們需要知道牠們會長大，會有自己的想法，更需要提供機會讓牠們的心智成長，牠們才能照顧自己。

觀念｜自己的狗自己保護

主人說：「我希望路人摸牠的時候，牠能夠乖乖地被摸，不要咬人。」

我問：「牠喜歡被陌生人摸嗎？」

如果牠喜歡被路人摸，這就簡單多了，我們只要了解摸狗狗的規則即可。在狗狗主動釋出善意搖尾巴過去時，對方會詢問你「能不能摸狗？狗狗喜歡被摸哪裡？」不過，光是這麼簡單的議題，有時卻因我們考慮的不夠詳細，只傳遞出狗狗被摸的時候，不要撲跳，要乖乖被摸……這是不夠的。我們需要思考路上的行人是否知道摸狗狗以前要問主人？如果被婉拒了，他能欣然接受嗎？

我想了想大人既有的想法究竟從何而來？似乎是因為我們從小就是這麼理解的：「狗狗這樣才是乖」、「狗狗不可以咬人」、「狗狗很可愛，我要摸」那狗狗的個性到哪裡去了？誰關心狗狗會害怕恐懼？為什麼我們總是不管狗狗的意願，就覺得牠應該要乖乖配合被摸？

某次我受邀為動保處做親子講座，由兩位學生帶著上過課的狗狗擔任助教。我非常期待，希望透過講座帶給孩子不同的想法。我深深覺得小朋友對動物的認識看法是來自於周遭大人，他們有著最純真最準確的觀察，我們應該好好運用這部分來教導他們如何認識動物。

我準備了四種顏色的代幣，每種代幣都代表著一個項目，分別是觀察力（紅色）、同理心（黃色）、尊重與禮貌（藍色）以及溝通與了解（綠色）。這些代幣有什麼作用呢？用來換零食給狗狗吃。零食不是「認識狗狗（或其它動物）」的關鍵，有趣的是後面的練習。另外，我也發現對孩子來說，「蒐集代幣」似乎大於其他部分。

先講解遊戲規則，依據小朋友的回答，小朋友會知道自己做到了這四個目標中的哪一樣，進而得到不同顏色的代幣。代幣上附有的錢幣價值，不代表什麼，重點在於你在哪個項目中被肯定了，我鼓勵他們全面學習，盡量收齊四種顏色的代幣。

他們觀察力非常好，狗狗的眼睛、鼻子、嘴巴形狀移動的方式，各有不同的答案。我請小朋友「模仿」狗狗的表情，接著告訴我，你覺得這樣的表情代表狗狗的心情是什麼？例如：「難受」、「緊張」、「疲憊」，這能增加同理心。

對狗狗與他的主人而言，尊重與禮貌一樣重要，當有了同理心，狗狗在緊張時，小朋友便能學會尊重狗狗的當下反應。為了讓他們多記住一些東西，我請他們練習一段跟主人對話的簡單內容。

「你好，你的狗狗很可愛。」

「我可以摸牠嗎？」

「牠喜歡別人摸牠哪邊？」

「我可以餵牠吃狗零食嗎？」

「謝謝你。」

所有的小朋友都會測驗這一題，當你可以流暢地說出來，同時也得到藍色和綠色的代幣。也可以指定想要的代幣顏色，其中有一題是這樣的：

我：「如果主人說不能摸他的狗，牠會咬人／緊張，怎麼辦？」

小朋友：「我會問主人，那我可不可以餵狗狗吃零食？」

我：「那如果主人說他的狗狗真的很緊張，連零食都不吃怎麼辦？」

這題似乎難倒小朋友了，站在我前面的小朋友手握著代幣，站了好幾秒不說話。接著就說：「那就算了，我不一定要摸他。不要吃，也沒關係。」

我很喜歡這樣的回答，露出開心（誇張）表情的說：「我覺得你真的好棒喔！因為你懂得尊重狗狗，牠如果太緊張了，你也不會強迫他。」

小孩總有辦法在同一個事件中，找出非常多不同的可能性，不過，相同的情境換成大人，答案可能會是千篇一律，而且還是沒有仔細評估狀況後所講出的答案。並非否定所有大人，但從小孩子的看法和觀點，觀察到變成了「這樣」的大人，我們真的需要想一想，到底想教給孩子什麼？

有些狗狗就是不喜歡被摸

尊重狗狗的意願，牠不開咬，不代表牠喜歡，牠不靠近，就別讓別人主動接近摸牠。為牠提高警覺把關，減少被其他人打擾或收到驚嚇的可能。我不認為所有的路人都是有惡意的，企圖捉弄狗狗，但了解尊重狗狗的意願，是生命教育很重要的一環。

我們要學習接受有些狗狗不能被摸的事實，在牠被突如其來的觸摸嚇一跳，甚至朝著對方吠叫，牠的反應並沒有不對。看到自己的狗被嚇到，相信主人也很心疼，同時也為狗狗的反應感到抱歉，但我們能做的是篩選地點，如果你去的地方是會遇到很多人，沒辦法拉開距離保護狗狗，就表示這地點並不適合狗狗去。即便路人的行為很難預測，可是我們能盡量盡力減少這些狀況的發生，只有你能幫助自己，保護自己的狗狗。

若希望讓狗狗不要常被路人嚇到，你可以安排人類好朋友的練習，狗狗能在這個情境下，學習與陌生人和平共處，即使沒有進一步接觸也沒關係，就像我們走在路上一樣。

當狗狗來到我們的生命中，我們能為牠做許多決定，讓牠吃什麼東西、幾點出門、哪邊堅持不讓牠去，我們擁有決定另一個個體的一切，這可是我們的榮幸！因此，保護牠也是我們的責任。我們都會犯錯，不小心讓狗狗被嚇到或受傷，不過，不斷從過往經驗學習，便能幫助未來。所以不能總是說「我還來不及反應，狗狗就被摸了。」因為我們是可以選擇的。

觀念｜過度刺激帶來的問題

在生理學及心理學上，刺激（stimulus）的定義是指任何作用於有機體並能引起其反應的因素，也稱「刺激物」。這些因素可能是來自外界的人、事、物、符號，也可能是來自個體的內在變化（如內分泌、疾病等）。

刺激會帶來壓力，但並非所有的刺激都是不好的。身體需有一定的壓力，才有辦法使用腦袋起身工作。在演化與生存的過程中，也因為各種不同的壓力，造就現在的我們，刺激帶來的是促進人類社會進步的動力，但刺激要是過了頭，可是會增加心理的負荷，同時帶來身體上的副作用。

過度刺激影響狗狗的行為甚大，如果我們能了解哪些行為是過度刺激所造成的，哪些事情又會造成過度刺激，便能解決平常與狗狗生活的時候所產生的疑問及困擾。過度刺激帶來的壓力可能是長期慢性的，也可能是短時間可以見到的。如果帶狗狗去參加演唱會，聲光效果就會對牠瞬間造成很大的壓力，牠看起來像是心跳加快、喘個不停，開始失控，叫到無法停止，臉部也可能增加了許多皺紋，但是還有更多的是那些不會叫也無法逃跑的狗狗常常被人忽略。

在我們的內容裡提到很多關於什麼事情會造成壓力，大家也容易在這時候提出疑問，「難道狗狗不能承受一點壓力嗎？什麼都要提到壓力，這樣是不是什麼事都做不了？」

無可避免的是，我們人類也經常要面對壓力，壓力可分成良性與惡性，良性壓力指的是有建設性，能促進我們追求目標，完成某些任務的壓力。而惡性壓力往往會對身體、心理都帶來傷害，除了對自我的傷害，所做出的行為也可能對周遭的人事物帶來傷害或麻煩。

不論是良性還是惡性壓力，我們的身體都會因此分泌壓力賀爾蒙到血液裡，同時體內各式各樣的激素也會因此而改變，有些生理反應我們能察覺，但也有些潛在的變化是無法知道的，所以我們常在事態嚴重後，才了解到這件事情早就需要處理了。這些激素的改變不會在幾分鐘內就恢復，壓力賀爾蒙也不會在事件發生後立即消失。這也就表示，當狗狗承受一個強大的刺激時，牠的身體一定需要一段時間才能恢復。

我們能先知道有哪些壓力徵兆，藉此了解狗狗可能正在承受的壓力，並推測壓力的來源，評估當下的自己是否能夠為牠做些什麼減輕壓力，或在事情發生後，利用適合的方法與活動修復牠的身心。

在狗狗身上常看到的壓力徵兆

狗狗的壓力徵兆有非常多種，會因個體差異而有些不同，下面是幾個常見的壓力徵兆：不吃東西沒有食慾、喘氣頻率變高、發抖、流口水，在嘴巴下方開始出現很多比較稠的口水、猛抓癢、抓身體、更為頻繁地尿尿、騎乘動作、追咬自己的尾巴、忽然頻繁找東西咬或舔身體（通常是手或腳）、腳掌出汗、哀鳴（高音頻的咿咿叫），我們常會說聽起來像狗狗在哭，通常出在牠因為某些事情感到不安、拉肚子……等。

上述的徵兆也可能發生在狗狗身體健康出問題的時候，因此也需要健康因素考慮進去。除了會出現壓力的徵兆外，可能還會見到安定訊號或警告訊號，像是身體會比較僵硬、尾巴下垂（或夾在腿之間）、嘴巴緊閉、耳根向後貼、臉上多了許多皺紋……等。

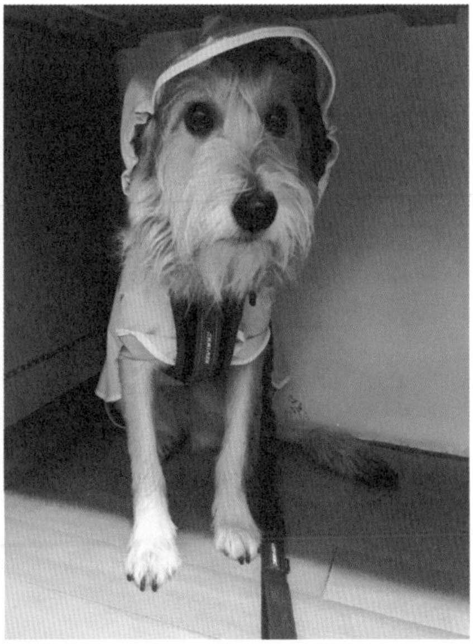

壓力過大的狗狗，表情看起來會很擔憂。

產生壓力的日常生活情境

提出幾個幫助大家想像的情境，你會發現事實上，我們自己的生活也經常有類似的狀況。

情境一　狗狗剛去完美容院或動物醫院

許多狗狗對於待在陌生地方或者寵物美容的過程感到很有壓力，因此當主人接回的時候，會發現牠比平常更激動，一出店家就開始頻繁尿尿，有些狗狗也會在這時候甩甩身體（容易被誤會是沒洗乾淨），這時候牠可能因為壓力一時過高，更容易對其他事情反應過度，例如：特別容易跟其他的狗起衝突、對來往的行人不停吠叫，這些都告訴我們狗狗受到過度的刺激，身體正處於高壓狀態。也有些狗狗會在高壓狀況下，更容易對人或狗攻擊，因為高壓讓身體變得比較敏感，更快出現戰與逃（Fight or Flight response）的反應。

除了幫牠找到信任的獸醫及美容師外，可以提前預約讓狗狗不用待太久，離開店家後，則避開刺激多的事件或地點，帶狗狗往安靜的地方散步一下再回家。

情境二　外頭的煙火聲響

害怕煙火、鞭炮或打雷的狗狗會在這些狀況下承受很大的壓力，有些狗狗可能不停流口水、發抖，有的會狂叫不已，通常出現壓力徵兆後會企圖逃走，到自己覺得安全的地方，可能是衣櫃裡面等。

請提供給狗狗合適的避難所，並經常為牠做 TTouch 也會有幫助。

情境三　非常準時的狗狗生理時鐘

狗狗的生理時鐘通常很準確，大部分我們也會在差不多的時間餵飯或帶牠出門散步，因此有些狗狗會對「延遲」這件事情產生很大的壓力，可能時間到了，還沒餵飯或帶牠出門，牠就會不安地哀鳴、回頭去找玩具啃咬（要是家裡沒有玩具，可能就是破壞家具），也有些狗狗會不停抓癢，焦慮來回踱步。

如果我們經常提供狗狗足夠的散步時間與食物變化，會發現牠比較能接受這些偶爾延遲的狀況，並能自我調適。

情境四　強烈刺激帶來的壓力

今天照以往的生活方式帶牠出去散步，但忽然遇到了一個神經病，對著你和狗狗大吼大叫丟東西，你們趕緊離開現場，這時候的你們便承受了很大的壓力，這屬於一次性的強烈刺激所帶來的壓力。

短暫強烈的刺激所造成的壓力會影響狗狗幾天，甚至是幾個禮拜，因為刺激過於強大，牠會試著避開相似的情境，也可能會對於相似的人感到特別警戒。在這段時間裡，我們需要盡量降低牠的生活壓力，例如：降低生活變動、延後朋友的邀約、換到其它安靜單純的地點散步（狗狗本來就喜歡），若是牠目前無法安心在附近散步，可以選擇提早回家休息。這麼一來，牠的身體就不用再額外加班處理更多更複雜不必要的事件，影響身心的恢復速度。

讓狗狗面對眼前的壓力是否有其必要性？

有些壓力是我們不得不面對的，像是狗狗生病了，我們還是得帶牠去看醫生，即便到動物醫院，見到壓力徵兆，知道牠覺得很緊張，但仍然得讓醫生檢查。但也有一些壓力我會認為是沒有必要的，例如：馬拉松賽跑或遊行，可以自己去就好，不用帶狗狗參加。如果帶狗狗去不合適的活動或地點，會見到牠很不自在，尾巴縮了下來，頻繁喘氣、也吃不下零食，牠很可能一直想離開當下的環境。

我見過狗狗對任何風吹草動會不停地吠叫，牠很辛苦，但主人完全無法理解為什麼，憤怒地責怪狗狗，不停制止牠。其實問題就在於這件事（或活動）本身對狗狗就不好，也不該發生。我們需要問問自己帶狗狗進行這些活動時，目標是什麼？對牠有什麼幫助？如果只是為了想要有狗的陪伴或娛樂，有必要再重新思考更多關於對待生命這回事。

面對生活，減少惡性壓力，但良性壓力也不適合給太多。和狗狗做訓練時，要特別注意過長的訓練時間，即便是不停給牠吃零食、玩玩具，也會讓牠過度疲憊，承受過多的壓力，進而影響牠可發揮的能力。生活中的目標訓練主要是社會化練習，或幫助狗狗在面對某些事件時，能較為放鬆自在，要求牠坐下、趴下、跟上、持續看著你，都可能會剝奪牠用自己的步調面對生活事件、累積自信的機會。

小心別讓慢性壓力為你們帶來新的問題

如前面所說的，壓力賀爾蒙會在狗狗身體停留一段時間，而長期累積下來的慢性壓力將會在不同的狀況裡，不停影響牠的行為與健康狀態。以健康來說，狗狗可能會因此抵抗力下降，容易發炎或生病；以行為來說，有許多慢性壓力的狗狗，可能會變得更無法處理不同的事件，社會化能力不足，常有壓力徵兆，也無從紓解壓力。

例如：當狗狗超過一歲後，生理開始成熟，不再像幼犬那樣情緒容易激動或是無法穩定控制膀胱，卻會在家裡四處頻繁尿尿，這很有可能是慢性壓力所造成的。容易累積慢性壓力的常見因素有：

- 運動過量或者運動不足，像是高速頻繁的丟撿遊戲，或讓狗狗跟著腳踏車（機車）跑步。
- 散步次數太少，品質不良，像是總是在狗狗害怕的地方散步、時間太短等。
- 沒有良好的休息／睡眠品質。
- 太多無謂的干擾／限制，像是不能落地走路、只能走人認為乾淨的地板、一起散步時，不停地跟狗狗說話。
- 身體長期不適沒有得到緩解，像是牙痛、關節痛、肌肉痛，這些在受過傷、動過刀或者老犬身上很常見。

- 沒有安全感、歸屬感，像是一起生活的人常常換來換去，睡覺的家也經常變動，在家獨處時間過長。
- 沒有太多能自己選擇的機會，像是不想靠近某個人卻被硬抱過去、散步時總被拉著緊緊地走來走去，即便安全，也無法靠近自己想靠近的東西。
- 基本生理需求沒有被滿足，像是食物不夠、被限制飲水量、經常得憋尿。
- 溫度，太冷或太熱都影響狗狗的身體。
- 生活過於無趣單調。

如果我們能多多了解哪些事情容易讓狗狗產生壓力、哪些事情或訓練會帶來良性／惡性壓力、又有哪些事情會不小心增加牠額外的壓力，就能更加了解狗狗，更懂得找對方法幫助牠。無論是什麼壓力，都會影響著狗狗的行為，相對的，你提供給牠什麼樣子的生活事件、環境、活動……等，也會反過來大大地影響你的生活品質，既然決定要養了，就該為牠的行為負責。

常見的狀況Ⅰ 如何幫助狗狗適應特殊節慶、活動與事件

在一些人類特有的活動事件或節慶中，可能會讓家裡周圍的車輛、來訪的人或聲音會變多，像是過新年、選舉、廟會等，也許我們覺得熱鬧，但對狗狗來說可不是。常看到走失狗狗的附註資訊寫著聽到煙火、鞭炮聲時，嚇到掙脫牽繩逃跑。這些狗狗很可能也很容被被其它的小聲響嚇到，如關抽屜的聲音。但也有很多狗狗對大部分的聲音皆可適應，唯獨鞭炮、打雷特別崩潰。我們需要幫助牠安心度過這些狀況，因此訓練目標便不在於讓牠對聲音無感，通常特殊節慶的時間，大都是我們能掌控的，可提早帶狗狗外出散步、上廁所，隔天早點起床遛狗，就比較不會遇到現正播放的煙火鞭炮聲，也能降低走失機率。

我有個學生有兩隻狗狗，其中一隻狗非常害怕鞭炮、打雷，在過完年後，開始攻擊家裡另一隻狗，壓力過大容易出現轉向行為，可想而知牠在新年期間有多不安。我們能做的是重新檢視牠的社會化經驗，減少不必要的壓力、提供紓壓管道，讓牠擁有較好的自我調適能力，過一陣子，這對姐妹花就和好了，在接下來的一年內，主人持續為牠們提供生活樂趣、探索陌生環境，在特殊節慶時，特別留意狗狗的需求，因此到了第二個新年，兩隻狗狗的壓力就沒第一年那麼大了。

親戚來訪時，想對狗狗表示善意可以怎麼做？

有些事件屬於需要克服，有些事件就屬於需要渡過。在過年過節期間，會有很多親戚來訪，也有些人想對狗狗表達友善，但卻用錯方法，例如：直接拍狗狗的頭示好等，或是不熟的人（對狗來說）進你房間、家裡的東西被使用或是經過牠休息的地方，我們都需要留意狗狗的情緒，牠是否感到不安或過度疲憊？可以適時外出散步，不管是什麼特殊事件，提供狗狗紓壓、透氣的機會。另外，我們也要幫助喜歡狗狗的親戚，學習好的互動方式。有些基本原則及想法是我們可以先幫自己建立的：

以狗狗為第一考量

狗狗接受才做，而不是為了「喜歡」狗的親戚。

在外面一起散步迎接親戚

如果能提早知道親戚來訪時間，先帶著狗狗到外頭散步，順便接親戚回家，理想狀況是跟親戚一起散步走一會再進來，這樣牠的壓力會比較小。

進屋順序

先讓親戚進家門放好包包、外套等，再帶狗狗進門。有一些狗狗只要完成這件事，就可先帶牠回房間休息（每隻狗狗的個性和情況都不同，需視情況調整）。

氣味伴手禮

讓親戚帶一些自己不要的小東西來給狗狗嗅聞認識是很好的經驗，或許四姑姑不願意，那問問表哥、堂妹，可能五年級的外甥女會很願意（可參考 216 頁）。

就是不用互動

請親戚不用太去理會狗狗，牠可以用自己的步調觀察親戚或朋友。

把零食丟遠一點

零食有時會增加壓力，因為狗狗很想吃零食，但要接近不熟的二姨丈，從他手中取走食物，是很可怕的。可告訴願意配合的親戚把食物丟遠一點。你可能會發現狗狗吃完後，就會再走回來等待零食，也許這時牠就會離親戚近一點，一次一次地丟遠，讓牠自己選擇要靠多近等待零食。

見好就收

任何練習都是見好就收，我們經常貪心想做更多，但給自己五到七顆零食的限制吧！再近一步？那等大家吃飽飯再決定。

不用食物

不用食物互動也是很好的選擇。可以只是跟表哥或堂妹一起牽狗去散步。在外頭散步能讓狗狗在比較寬廣的地方，偷偷觀察親戚。（散步的途中休息可由你來幫牠做 TTouch，讓牠放鬆有點不安的心情）。

專業人士是你的好朋友

當遇到親戚質疑你的作法時，你可以告訴他，是訓練師建議這麼做的。向親戚表示，訓練師說：「狗不能打罵，這麼做可能會讓情況更惡化，要是被嚇到，變更嚴重可不好。」（接著趁機離開現場）或是遇到熱情的大伯要餵豬腳給狗狗時，「牠上次吃這個食物拉肚子拉的很嚴重，我清好久。」會比「吃豬腳不健康」有說服力。把上面的方法都推給第三者（尤其是專業領域的），可以減少正面爭執或不快。

和親戚聊聊天

或許三姑丈一直想靠近狗狗（儘管牠的肢體表情看起來很害怕），因為他小時候養了一隻長得很像的狗。聊天的同時，能幫助三姑丈學習如何用你的方式和狗狗互動。有討厭狗的親戚，但也有喜歡狗的親戚。討厭的，就保持距離，減少消耗自己的能量。喜歡的，他們只是不知道用什麼方式跟狗狗互動，給他們一點機會。當然如果覺得狗狗或自己都還沒準備好，也不用擔心，謝謝大舅舅的熱情（再度快速逃離現場）。

提醒小朋友放慢動作

新年不可避免會有小朋友來到家裡，在家中可以用玩遊戲的方式，提醒小朋友將聲音變小，走路時，放慢放輕腳步，或邀請他們參加藏肉肉的遊戲，一起準備手作禮物給狗狗。

怕狗狗開咬或太激動

狗狗開咬不是牠的錯，我們得保護牠，不用一定要帶牠去阿姨家吃飯，反正吃飽晚點你就會回家了。若是親戚來訪，大家吃飯時讓狗狗待在房間裡，和兄弟姊妹輪流陪牠。

給狗狗機會離開現場

如果大家聚會是兩個小時就結束，或許就讓狗狗在房間待兩小時沒關係。如果狗狗的狀態是可以和大家在客廳，要考慮在家的人變多了，這會增加聲音、走動、突發小事件等，記得帶牠去外頭散步，呼吸新鮮空氣。

狗狗的新年時程規劃

時間	小年夜	除夕	初一	初二	初三	初四	初五開工
人	● 團圓飯、熬夜遊戲聚會的活動增加 ● 家裡附近車輛及鄰居出入頻繁 ● 親朋好友來家裡拜年				踩春	準備人狗收心的安排與練習	接下來的一到二週花時間陪狗狗恢復平日的作息
狗狗	● 留意生活作息及飲食健康 * ● 提早外出上廁所，慎選合適的散步地點 * ● 參考相關人狗情境的應對練習				外出遊玩需視狗狗的狀況決定 *	新年症候群	

＊ 過年期間，生活作息會與平日不同，需留意。另外，不管是為狗狗準備的年菜或分享一些人類的食物，都需要留意牠的健康，避免吃太多造成健康問題。

＊ 給害怕鞭炮、煙火的狗狗：這幾天要提醒自己錯開會放鞭炮、煙火的時間，提前去散步、上廁所，避免被忽然出現的煙火、鞭炮聲嚇到逃跑，影響安全。有些狗狗可能會尿完馬上就想回家了，那也沒關係。

＊ 給容易緊張、較為膽小的狗狗：春節期間的外出遊玩需視狗狗的情況決定，若要出遊請特別避開牠會害怕的地點。

狗狗的新年症候群

新年期間是我們不得不面對的密集大考驗，來自於親戚、環境或是你自己。其實，許多事情都跟平常假日的家庭聚會差不多，不過，因為新年的聚會密集度可能是平日的好幾倍，影響到狗狗的休息環境。每一家的狀況都不一樣，希望前面所說的能為你提供一些應對靈感，發揮觀察力跟創意來迎接新年。

在新年過後的數週，可避開容易讓狗狗跟其他狗狗吵架的公園、或是帶牠遠離會怕狗的鄰居、餵牠吃飯時，放好飯碗便離開，讓牠不用擔心你靠近而警戒等，減少狗狗需要反應過度的情境。各式的生活情境都是人狗一起練習的機會，觀察狗狗的變化，微調生活內容，看著牠又克服了一次，也許這次只要幾天，牠就恢復平常了。

這個新年你做得很好，謝謝你為狗狗做的。也提醒你，狗狗可能會出現「新年症候群」，密集的事件，讓牠在短時間內承受很大的壓力，會變得比較敏感，或是更加膽小，需要多加留意牠的心情與行為。若全家於新年期間安排出國旅遊，連假主人的缺席對狗狗來說也有不少影響，請在回來後的兩週，盡量推掉外務應酬，安排時間陪牠好好休息、散步。

新年的這幾天，謝謝你在這些時候這麼做。收下這一份感謝函，祝你們新年快樂！

生活安排人類好朋友

每隻狗狗都需要除了你以外的人類好朋友，牠們需要有其它可以相信的對象，但這不代表牠要跟你的朋友好到像麻吉一樣肝膽相照，只要學習能共處一室和平相處，不打擾對方就可以了。有了這個基礎，他們是否成為麻吉？就看狗狗跟對方的緣份了。這跟人與人之間的交往很像，對吧！

先來複習一下狗狗對於哪些事情容易有壓力？避開這些可能讓他們認識及相處上更加困難的事情，就能幫這位人類朋友在狗狗的心底加分。

- 朝狗狗直直走過去。
- 將身體正面朝著狗狗往下壓。
- 直接用手摸（拍）狗狗的頭。
- 走路速度過快。
- 走進（過）私人領域（如主人的睡房或者靠近狗狗休息的地方）。

朋友來訪家裡的事前準備

先從一起散步走走開始

在抵達家裡前，可以約在外頭先一起散步一小段。許多狗狗對於陌生人直接走進自己家裡，都會覺得壓力很大。在戶外（巷口、公園）碰面後一起散步，牠能在散步的過程中聞聞、聽聽聲音，這也可以讓牠在覺得擔心的時候，有空間能保持距離，四處嗅聞幫自己紓壓。接著，找個地方坐下來，和朋友聊聊天，狗狗可能會在這時候，想進一步地認識朋友。這邊所謂的「認識」，不一定是像人類朋友，有很多「深層」的交談互動，對狗狗來說，同處於一個空間即使沒有對談、眼神交流，都能算是「認識」。

先從一起散步開始。

帶有氣味的伴手禮送給狗狗

請朋友帶一些不怕弄髒弄壞的東西，前面介紹的環境豐富化，在這時候就派上用場了。有些狗狗對於直接靠近人會覺得很有壓力，但牠還是有點想要認識這個陌生人，可以將帶有朋友氣味的伴手禮放在地上，當狗狗做好心理準備時，就可以向前嗅聞檢查這些沾有氣味的東西，牠也能在嗅聞的同時，觀察靜靜坐著的我們。

隨時可以說再見

見面的過程中，視狗狗的情況，隨時準備可以離開，未必當次的互動一定得待滿一個小時。有些狗狗原本好好的，還自己去睡覺，但醒來走來聞一聞朋友後，就吠叫了。這是因為牠能使用腦袋學習的時間有限，而認識陌生人很容易消耗能量，採取短短的見面時間，能讓牠留下好的感受，或許未來隨著牠經驗值增加，就能拉長雙方的見面時間。

NOTE

如果希望減緩狗狗遇到陌生人常會緊張不安，邀請不同的朋友一起散步是不錯的選擇，散步完坐下來休息，再走一小段，就與朋友道別回家。幾次累積下，狗狗對陌生人就比較不會那麼敏感。

朋友、客人進到家裡的互動原則

狗主動、人被動

互動的原則為人被動，狗狗主動。當我們朝著狗狗過去時，牠可能會感到不安，儘管有些狗狗並不會在這些時候大叫、掀嘴皮或低吼，不過，牠仍然在承受直壓力。請朋友坐著不動，在牠嗅聞完氣味伴手禮後，牠可能會走回自己覺得安全的地方休息，也有可能直接走過來認識朋友。

人放鬆坐姿柔和眼神、勿摸頭

坐姿為雙手平放在腿上，吐口氣，眼神放柔和，保持安靜避免直視狗狗。狗狗可以主動聞聞人，讓牠自己決定是否要靠近人。記得提醒朋友對初次見面的狗狗，別摸頭，雖然有些狗不會咬人，但不代表喜歡這樣動作。如果想要摸摸，推薦使用手背輕輕地在狗狗離人比較近的部位畫圈兩三下，再輕輕慢慢地拿開手，讓牠有時間去想想是否還要再被摸，當然接觸的前題是要觀察狗狗的神情、肢體及尊重牠的意願。

慢動作保持最遙遠的距離

在做好最初的互動後，最常嚇到狗狗的情況是起身走動，例如：朋友走去上廁所、去餐桌拿飲料、背起包包要離開等。這時要請朋友放慢起身的動作，朝著遠離狗狗的那一側站起來，若是要走的路線會經過狗狗，可以微微側身繞半圈，或主人在朋友與狗狗之間站著，給予吐蕊阿嬤手勢。要回到位置上，也是放慢動作，微微側身走回來。

提供紓壓的活動

狗狗在認識陌生人的過程中，也需要一些紓壓活動，可以事先準備好合適的啃咬物件或食物，讓牠在這段時間有事情做（朋友此時還在家裡）。食物不會在一開始就拿出來，因為我們需要讓牠好好認識朋友，太早拿出來，有些狗狗會把注意力放在食物上，看似不介意客人，但其實這會讓牠有點不安（會護資源的狗狗需特別注意），而且也無法幫助牠好好學習及觀察。當朋友已經待了一陣子，狗狗看起來很放鬆，就是拿出啃咬食物的好時機了，牠可能會礙於有客人，把東西咬到較隱密，或遠離大家的地方去慢慢啃咬，這沒關係，牠能安心地享用就好。

動作太大可能會嚇到狗狗，輕輕將手伸出邀請，記得眼神柔和，也不用盯著狗狗太久。

NOTE

如果狗狗在朋友進到家裡時，撲咬或失控吠叫，怎麼辦？那麼，或許朋友還不適合進到家裡，安排他們一起散步，散步完自動解散，經常安排這樣的練習，能讓狗狗在壓力較小的狀況下，慢慢適應新朋友。

1 人類習慣用對看來溝通，但狗狗對於不熟朋友的注目禮，可是會感到緊張哦！可以請朋友別開視線。

2 接著，拉開狗狗與朋友之間的距離，每隻狗可以接受的距離範圍都不同，有些狗狗會需要更多的距離才不會感到緊張。

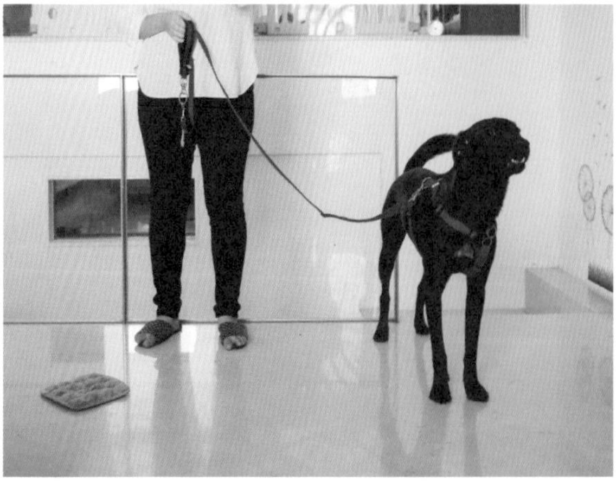

3 即便拉開距離，有些狗狗仍會警戒吠叫，同樣每一隻狗可以適應新朋友的時間也不同，需視情況調整。

4 將狗狗帶開，請朋友放鬆自然慢動作就定位坐好。

5 朋友可以準備一些氣味伴手禮（或是隨身物品），讓狗狗嗅聞認識，平緩心情。

6 主人可先以較遠的位置坐好，再慢慢拉近與朋友的距離，每次當朋友有動作時，主人都需要給予手勢，留意手勢並非強硬制止，而是溫和緩慢伸出。

7 若是朋友想要起身拿東西或是上廁所，可以讓朋友嘗試緩慢伸出手給予手勢，身體請往遠離狗狗的方向移動。

8 一般我們會習慣用最近距離走動或是拿東西，如果朋友是要拿東西或是走動的路線會離狗更近，這可能會讓牠感到緊張，因此可以嘗試繞半圈或盡量拉開距離，主人跟朋友都可以給予手勢。

9 等狗狗習慣後，就能拉近與朋友的對談距離。（但每一隻狗的適應時間都不同，需視狗的情況調整。）

生活安排｜照顧狗狗的第二人選、寵物保姆或旅館

我們會遇到一些工作或生活上的安排，讓我們沒辦法照顧好狗狗，可能是出差、出國，在這些時候狗狗該怎麼辦呢？一般的選擇會是寵物旅館，不過，也未必所有狗狗都適合到寵物旅館去，有時候將狗狗託付給你可以信任的人也是一個選項。

找可信任的人一起做簡單的照顧練習

如果你的家人或朋友有意願為你暫時照顧狗狗，可以在平日（事前）就先約到家裡，一起做些簡單的照顧練習，例如：設計嗅聞遊戲、摸摸的方式、上胸背及牽繩及外出散步等。時間累積下來，你會發現狗狗也開始信任這個人，見到他出現時，會比對其他人更加熱情，也會主動縮短與他的距離，休息時靠在他附近，你們去散步時，狗狗不介意牽繩是被他牽著。接下來，就可以再進一步安排在你短暫外出時，偶爾讓他來家裡為狗狗準備飯，陪伴及散步。

另外，如果他會把狗狗帶回他家照顧的話，那麼，你自然需要花一點時間在他家練習，尤其需要熟悉他家附近如何散步才安全、哪些路線散步起來對狗狗壓力比較小。因為如果你不在，狗狗也被換環境，他們都會承受一定的壓力，因此，我們會需要更仔細一點，幫助他們調適地更好。

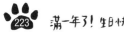

寵物保姆

目前寵物保姆的服務越來越多，保姆的服務範圍如基本的餵食、清潔大小便、外出散步，還有帶狗狗去游泳或者到不同地方走走探索。這樣的服務非常適合老犬、換環境會覺得壓力大，或是健康容易有狀況的狗狗。狗狗可以住在家裡，保姆每天安排時間過來照顧及陪伴狗狗。相較於旅館，寵物保姆的收費比較高，不過，因為是一對一的服務，也較為符合及主人的需求。

寵物旅館

現在的寵物旅館在確認讓狗狗住宿前，都希望主人能自己來看看環境，並安排幾次安親狗狗的經驗。這麼做能幫助店家了解狗狗是否照顧得來，同時你也可以透過練習幫助狗狗適應旅館的作息及規則。我建議挑選旅館時，可向店家提出一些相關問題，例如：狗狗來旅館會睡在哪個區域？每天的作息行程？主人也可以說明狗狗的個別特殊狀況，了解店家的協助方法，在這些一來一往的對話裡，主人也較能找到合拍的寵物旅館，安心將狗狗交給對方。

CHAPTER 7

The Young Age Of A Dog

身心最協調的階段

觀念｜尊重狗狗自己的決定

在不違背人狗雙方的安全、健康與生活品質的原則下，當狗狗決定不要這麼做或要這麼做時，請尊重牠的決定。「我真的好想看牠跟別的狗玩。」學生的狗是一隻八歲的中型犬，牠很不喜歡看到其他熱情如火的狗。但主人倒是非常喜歡，她很希望狗狗跟小時候一樣，跟別的狗玩得很開心。

當牠能選擇跟誰玩，自然玩得很開心，但隨著年紀的成長，狗狗同時也在發展自己的個性，如同我們慢慢摸索出自己的喜好，我們同樣也有不再喜歡的事情了。當牠不喜歡一些狗靠過來，不代表牠錯了；當牠衝向其他狗，表達熱情友善，卻不管對方狗狗是否覺得緊張，即便牠沒有咬或攻擊對方，也不代表牠是對的，牠們有著不同的喜好。

或許有些狗狗喜歡在別隻狗狗的附近嗅聞，牠們不需要直接接觸或互動；而有些狗狗喜歡跟別的狗狗互相追逐相彈跳。我們要接受每個個體的不同，沒有誰對誰錯。讓牠選擇吧！如果牠不想靠近那隻狗，那就帶牠走別的地方，或許下一個轉角你們會遇到牠喜歡的狗狗，牠們不會互相追逐或聞屁股，不過，牠們會禮貌地搖一下尾巴，接著各自散步。

在這邊不探討過度反應的行為問題，像是攻擊或持續吠叫，因為這些行為需要蒐集評估很多資訊。不過，身為狗狗生活夥伴的我們，得時常提醒自己不要過於執著，要記得「不同，沒有對錯。」這對雙方的關係會很有幫助。

有個學生給我看了一張照片，那是一隻狗狗將身體側靠在一個坐在輪椅的老人旁，狗狗的眼睛閃著光芒。那確實是很吸引人的照片。他希望他的狗狗可以很喜歡跟人互動，我們決定來試試看，有沒有辦法讓牠喜歡上其它的人。

狗狗確實喜歡主人的某一個朋友，他是難得少見的淡定人，他沒養狗狗，但養貓咪（暫稱貓朋友）。我很喜歡他說的：「貓咪可不是你叫了就會來，我覺得這樣沒問題。狗狗應該也是這樣吧？」貓朋友還有很多特質，例如：他看到狗狗的反應，會問：「狗狗的身體重心剛剛忽然轉到另一邊，是不是我從沙發站起來的時候，讓牠有點緊張？」或在上完廁所走回客廳時，會問：「我可以做哪些事情，讓狗狗不用擔心我？」從貓朋友的提問，我們知道他會考量狗狗的心情及需求。我想，我的狗可能也會喜歡他。

有時候，我會看到主人很痛苦，狗狗也蠻無奈的，好像跟主人進行的事情都只剩下食物動機了。我們期望狗狗能有的模樣，在某個層面是自我的投射，這些美好的編織藍圖也許都擁有一個很好的出發點。我希望其他人感受到狗狗給我的快樂。我認為狗狗帶來的快樂，是因為牠知道對象是你，但牠未必願意這樣對其他人付出。那感覺就像是你只願意把餅乾分給你最好的朋友，對吧？

或許這些種種無關狗狗的社會化程度，單純是與本身的個性有關，就像有人內向有人外向，我們都只是在找一個自己最舒服的狀態而已。

觀念｜改善它或者接受牠

我們經常兩難，既想尊重牠的意願與喜好，又擔心牠會做出我們無法控制的事情。這很不容易，但我們也是在嘗試與練習中，學習如何拿捏尺度，做出正確的選擇。常有主人跟我說：「牠這個怕，那個也怕。」你看過類似景象嗎？狗狗對路邊的某樣東西覺得介意。我不稱為＊恐懼，因為這與恐懼還差很多，對於這些事情要提醒自己接納，人也會有一些自己不太喜歡的事！只是我們有機會看到狗狗的反應。如果在你很介意某件事時，旁邊忽然出現了一個人說：「啊哈！被我發現了，這有什麼好介意的啊！」應該會覺得不好受吧？

當狗狗在害怕某個東西的時候，決定不要靠近，我會配合牠，當下做的事只有靜靜地走；如果牠想再回去探索這個東西，那我也會靜靜地不動等牠。那如果牠大叫呢？要想的是，是不是散步常走很快或散步的地方過於單調？牠沒有機會讓腦袋「消化」一些東西，進而影響到牠面對新事物時的狀態。

饒過牠吧！有些東西真的不用太在意。保持這樣的心態，下次遇到時，跟自己說「這沒關係。」你會慢慢地發現生活中牠困擾的事情越來越少，或者只要一段時間就能調適過來。

恐懼或害怕都是正常的反應，不過要是狗狗對非常多的事情都會過度反應，還是建議你帶狗狗參加訓練課程，我們需要學習如何幫助這樣的牠。

1/2 1. 這是什麼東西？為什麼在這？看起來有點可怕。2. 當牠覺得害怕時，接受牠的害怕，讓狗狗決定是否要往前探索。

你給了狗狗什麼選項？

「難道因為狗狗害怕，選擇對人吠叫或衝上去，我就要讓牠這樣嗎？」不是的，提供選擇的意思不是這樣的，而是知道牠可能會在散步的時候，對人反應過度，那麼在帶牠散步之前，就需要為此多做許多準備，花時間做功課，讓自己與狗狗能有比較多樣選項，才能降低碰到「失控」狀況的機率。

「狗狗在這地方散步都有問題了，我不是應該幫他克服這個地方，再考慮其他地方嗎？」不是這樣的，我想以散步來說，目的是讓狗狗可以離開家裡透透氣，外出探索世界紓解壓力，這能讓牠得到好的心智刺激，對環境擁有一定的安全感。如果狗狗總是在一個容易反應大的地點練習，對牠來說，這很可能會變成過度刺激，不斷累積生理及心理壓力，久而久之，牠也無力應付了，這不會是我們樂見的，可以換這個角度這樣想：

偶爾提供機會做好安全把關後，讓狗狗為你帶路，走牠自己有興趣的路線，信任牠的選擇。

允許並接受狗狗偶爾對某些事情會感到害怕。

允許並接納狗狗感到害怕

我們需要把「狗狗會害怕一些我們不能理解的事情」這點放在心上，並視為這是再自然不過的事，這是正常的。這樣能幫助我們遇到問題時，減少「情緒化」，不讓情緒影響當下的判斷，進而感到別無選擇。即便我們不理解狗狗害怕的原因，也不代表牠就該勇敢不害怕；這邊角色換成是人類也是相同的道理，很多時候其他人也不理解為何你對某件事情會是這樣的反應？我想「害怕」是再正常不過的反應了。

重點在於「協助」，而非執著於「這有什麼好怕的」

問題不在於「害怕」，而是如何協助狗狗在害怕時所做出的行為，降低人與狗的衝突及傷害。這也是目前大部分的學生目標，希望狗狗跟他的生活能做到不影響他人不造成麻煩。

提供選擇與變化

好比時間的安排，路線的安排，地點的安排等，斟酌環境複雜度，例如：人潮、車潮等帶來的是無謂負荷。讓狗狗散步擁有選擇權，能選擇離開自己害怕的事情，累積對人的信任感以及自己能從中獲取安全感。透過變化，增加「新鮮感」，活化狗狗的腦袋心智，幫助牠學會更多應付面對人類社會的能力。「變化」二字指的不是「難度」，因此，請不要帶狗狗參加「密集」的活動。

跟狗狗一起參加課程

上課會是很好的選擇，專業訓練師對於上述的狀況有經驗，也能評估狀況安排合適的練習，協助你們度過辛苦的階段，並給予相關常識與知識，讓你在「提供選擇、變化」上，能更加得心應手。

通常要改善的事情本身，而不是狗狗

你可能有留意到這章標題為改善「它」或接受「牠」。需要改善的往往不是狗狗，而是事情本身，是遇到的這件事情，需要改變它所呈現的模樣。例如：狗狗平常很好，都會靜靜待在旁邊，但是面對到陌生人，就完全變成另一隻狗了。

我想說的是狗狗本身很好，不過，你能改變其他人或其它狗出現時的情境，或許挑選人少一點的時間或到比較寬廣的地方散步，在遇到其他人時，知道如何帶開狗狗，狗狗就不太會與其他人正面衝突，或是牠見到小朋友不會靠過去互動示好，但牠也不會主動嚇小朋友，那這樣就夠了，「遇到人」這件事就開始改變了。

另外，也有些狀況，我們得接受牠是牠。例如：牠就是不喜歡某一類型的狗，你不用強迫牠得喜歡跟這隻狗互動。接受指在某些事情，特別是關於喜好，要尊重牠的決定。牠可以不喜歡這個人，但這不代表牠不能與這個人和平共處。接受狗狗慢熟，需要時間（也許是好長一段時間）才能與其他人相處，或總要見面四、五次（也許更多）後，才能接受這個人。

若把這觀念想成所有關於狗的事情都要改善，會讓自己非常挫折。只要記得在安全、健康與生活品質的原則下，我們盡量尊重狗狗的決定，同時也對自己說「算了，那沒關係。只要沒怎樣就好了。」學習評估哪些事情該改善，哪個部份的牠是我們要接受，這不是容易的課題，但我相信，這很值得的。

觀念｜狗狗的世界不是只有這個家

我有一個學生的家裡非常大，但他的狗狗非常小隻，是一隻茶杯貴賓。學生問如果家裡就夠牠跑了，還需要帶狗狗出門嗎？答案當然是肯定要帶牠出去的呀！在他們開始上課前，據說幾乎每個來訪的客人都曾被狗狗追咬，雖然家很大，他可以把狗狗放在遠離客廳的另一端，讓客人不用擔心被狗狗追咬，不過，吠叫聲卻在整個房子迴盪不已。

房子這麼大還不夠牠跑嗎？狗狗需要的是大腦的滿足，不單單只是體力上的消耗，我們都需要一些感官的刺激來為大腦提供養分。這隻小貴賓平常所獲得的刺激，僅限於匱乏的居住空間，這對狗狗來說是極有壓力的，快樂的來源也變得非常有限。

記得檢視自己照顧狗狗時，有哪些事情少做了？哪些事情多做了？在養狗的生活中，或多或少都會有一些事情不小心多做或少做，有時沒關係，但有時累積下來可能會出現新的問題。建議安排穩定規律的日常生活作息，給予合適以及能讓牠獨自沈浸其中的身心活動，並減少不必要的刺激。

狗狗也需要有自己的社交圈

除了參考前面提到的日常散步時程規劃外，我也建議至少一個月讓狗狗見到牠認得的狗朋友一次，指的不是在路上經過偶遇，而是兩隻狗狗見面後，接著一起開始散步走走、探索環境，偶而跟對方互動一下。

多數狗狗在安排三次與相同的狗狗見面後，都會留下印象，第一次見面時可能會遲疑，擔心對方的狗狗能否尊重自己，像是自己的狗狗進一步靠近時，對方狗狗會自己拉開距離嗎？還是也會跟前進對峙呢？

第二次見面很有趣，狗狗看起來的感覺像是「我上次見過你呢！我記得你還滿識相！」這次可能會多點接觸的時間，偷偷觀察對方去哪一棵樹尿尿，牠的主人是什麼味道，或許這次會在他們之間多停留一下。

與朋友一同安排帶狗狗去踏青，固定見到熟悉的面孔後，狗狗也能自然將對方視為同伴。

安排狗朋友之間的聚會。

第三次見面，你就能明顯看到不同，狗狗發現對方出現時，會開心搖著尾巴過去迎接。狗狗們的移動方向開始多了默契，像是我聞完換牠聞，牠尿完換我尿，牠們不太會介意彼此可能會很靠近。

安排定期的狗友見面會，不管是對人還是對狗都很好，熟悉能帶來安全感。而另一個聚會的安排，可以是針對人的，或許你原本喜歡邀請朋友來家裡，但考量狗狗的壓力，減少了很多朋友的聚會機會。這在未來也能互相照料，可能會是在對方加班或者出差時，到對方家裡陪著狗狗，從現在開始好好經營友誼，也能增加狗狗對彼此的熟悉度，你會見到牠們不介意喝對方的水，被摸也沒關係，休息時，也願意在對方附近趴下，這些就好像你與你的好朋友一樣。

擁有人類、狗狗好朋友，雙方都能在自己的社交圈獲得滿足，朋友不用多，知心就好，對狗狗來說，能尊重牠，不會過度打擾的就是好狗友。

狗友懂你的幾個就已足夠。

練習—任務合作

在這個過程中，你能看見狗狗的潛力，並增加彼此的默契，學習信任牠的能力，這將成為無價的回憶。

我推薦的是所有狗狗都能夠辦到的任務合作，就是嗅聞與找尋。不管牠是什麼體型，什麼個性，什麼犬種，牠們都具備了良好的鼻子，我們可以協助牠更靈巧地運用嗅覺，接下來我們將提升一點遊戲的難度。

進階遊戲—鎖定與找尋目標

❶ **讓狗狗嗅聞鎖定目標**

準備一個能包住零食的抗憂鬱玩具或用紙張包住零食，在狗狗的鼻子前面停留一下，讓牠嗅聞，接著將東西放在牠無法直接看到的地方，可能只是餐桌的轉角（不用放很遠），走回來放開狗狗讓牠找尋，當牠找到後，讓牠享用裡面的零食。

❷ **稍微拉遠找尋的距離及減少零食**

減少抗憂鬱玩具或小紙團裡面的零食，一樣給狗狗聞過後藏起來，放開狗狗，這次在牠找到時稱讚牠，等牠吃完裡面的零食後，再多給一些零食獎勵。

❸ 沒有零食的目標

將沒有包零食的抗憂鬱玩具或紙團，給狗狗聞一下後，藏起來，等牠找回來後，給零食獎勵。

❹ 更換目標

狗狗這時已了解任務的流程，東西會被藏起來，找到後會有很多獎勵，是時候換成其他的玩具或帶有你氣味的物品，可以是一隻襪子。

❺ 更換目標與地點

上述是找尋指定物件的基礎版，找尋目標能延伸至不同的物件（無論是牠熟悉或比較少接觸的），並到不同的環境地點練習。可以先在客廳練習，再拉遠狗狗與物件的距離，或讓空間豐富化，在外頭散步時，加入這樣的練習，會讓牠覺得非常有趣，但記得地點要做安全把關及篩選。

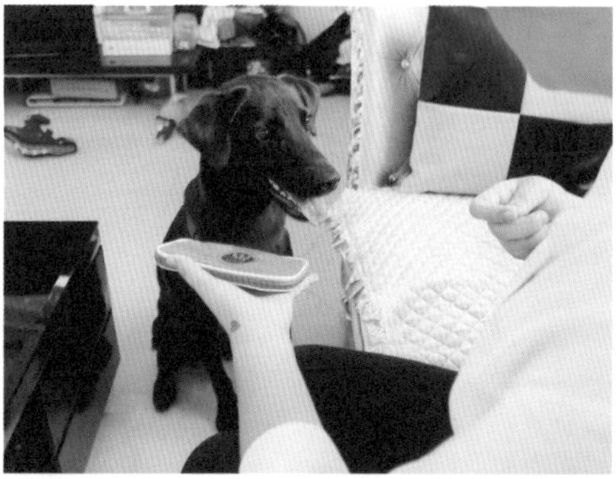

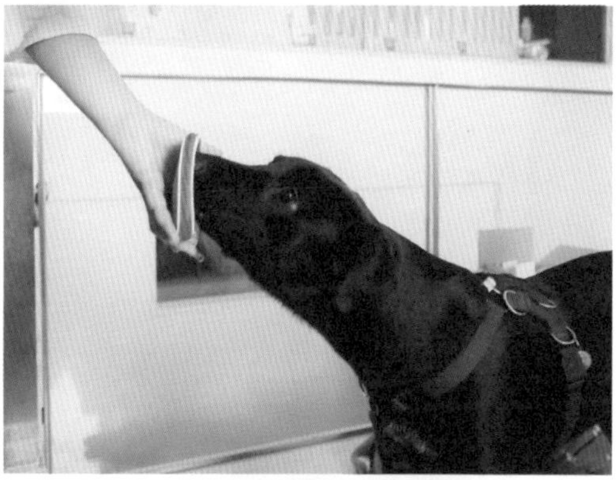

1 / 2 / 3　1. 以零錢包作為搜索的目標。2. 讓狗狗了解找到零錢包就有零食可以吃。3. 當狗狗找到時，可以關注牠的耳朵、神情，牠們也會有指示動作，例如：用吻部碰零錢包、用腳撥踩著或是坐下來看你（完成任務）。

利用任務合作改變狗狗對特定物件的想法

我有一位學生養的是工作犬類型的狗狗，我們讓牠找自己的玩具，做了兩次牠都很感興趣，牠認真嗅聞家裡，找到時都會衝向前碰觸。我們一次比一次難，放的距離或藏的地點也越來越隱密，不過，到了第三次，狗狗驅前看到玩具後，停在原地，接著回頭看了主人一眼，沒有像前幾次那麼興奮。或許是因為狗狗累了，不過，我們也推測狗狗可能覺得這太簡單，好像不值得如此賣力……

暫停遊戲讓狗狗休一陣子，喝一點水，畢竟認真使用鼻子嗅聞，可是很累的，溼潤狗狗的嘴巴、鼻子，甚至食道，都能幫助牠獲得更清新的「嗅聞通道」。接下來，我們決定從狗狗特別有興趣的物件開始。我們拿出男主人的襪子，狗狗興奮極了，這次我們只玩了兩次藏起來的活動，難度比之前更高，不過，牠都順利找到了，找到時牠開心咬著奔跑了一下，給予狗狗獎勵的零食，牠開心地把襪子還給我們。

在這過程中，扭轉了狗狗、主人與襪子之間的「互動」方式。以往的狀況是，狗狗一旦發現襪子，想盡辦法咬到奔跑離開不讓主人碰到，而主人激動崩潰地追著狗狗，想盡辦法奪走牠嘴巴裡面的襪子。記得我們之前提到「奪走」可能會帶來的狀況嗎？狗狗可能會在這些狀況下，變得更加防備，同時這些事情的發生也會毀壞主人與狗狗之間的信任關係。

不過，在這樣的幾次活動下後，狗狗開始把找到襪子當成能與主人互動的遊戲，狗狗找到襪子時，露出「你看看！我幫你找到了！給我點獎勵吧！」的表情，主人開心對著狗狗說：「喔～你好厲害，幫我找到了！」襪子連結了狗狗對主人的信任感。

而在狗狗全神貫注找到襪子時，牠也完成使用腦袋的任務，接下來就能好好休息。所以，如果你有一隻常興奮、瞎忙的狗狗，或許可以考慮提供任務合作，讓牠完成任務，將腦袋、體力花在合適的事情上，便能看見狗狗不同的模樣。

在狗狗開始熟練室內練習後，可以將場景拉到戶外，但有時會有些你意想不到的事發生就是了。我的黑拉拉 Wren 有次開心地搖著尾巴回來，嘴巴叼著一隻不知道死了多久的魚到我面前。「嘿！你看我找到什麼好東西了！」我彷彿聽到牠這麼說。我跟牠謝謝，給牠一點零食作為酬勞，再勇敢地把死魚裝進大便袋裡丟掉。畢竟在每一隻動物的心中，「稀世珍寶」的定義都不一樣，我們（忍住心中的話）要尊重牠們的選擇。

撿了死魚給我的 Wren 有陣子最喜歡的娃娃是狗友間交換禮物時，換來的粉紅色恐龍。

這樣的活動可以延伸到戶外，從狗狗最喜歡的玩具開始，帶到戶外藏起來後，讓牠去尋找。

練習－一起放電

生活應該從「再慢一點」開始！在雨天簡單安排一場嗅聞遊戲，記得要調整難度，別低估了你的狗狗，拿開手機，觀察牠在嗅聞遊戲以後，花了多少時間自己緩和下來休息，也讓自己的腦袋及情緒慢慢沉靜下來，跟狗狗一起睡覺休息。

除了訓練外，如何和牠一起好好過好每一天，也是人狗平衡的生活主軸。我會每週挑一個地方，使用三公尺以上的牽繩，我們的手保持放著，會像是扶著而不是以抓緊的方式握著牽繩，讓狗狗有足夠的自由活動空間。等牠嗅聞，配合呼吸放慢步伐，在心裡筆記自己當下的觀察及發現，一起練習慢慢走，教狗狗體驗牠的「狗生」，享受我們之間的默契及安全感。

狗狗在放電時，應該要能沉浸在環境裡，走在你沒想到的有趣路徑，不用因為人多而閃來閃去，觀察環境的眼神很柔和，耳朵不用一直警戒撐起。

對一些狗狗來說，找到自己喜歡的位置，靜靜曬著太陽，就有放電效果了。

每週換個地方散步放電，會得到一隻快樂的狗狗。

人在放電時，應該要能感受、觀察環境，看狗狗的眼神是柔和的、偶爾用手機紀錄牠享受環境的樣子（但不會一直使用）、安靜感覺自己輕鬆地呼吸、溫柔地「扶」著牽繩，而不是將牠一直拉回、我們要放寬心好好陪伴狗狗散步，讓牠能自由變換路線地點跟方向。

1/2

1 放電中的人，要能靜心陪伴狗狗散步。2. 放電中的狗狗要能沉浸在自己的世界。

練習——TTouch手法

「把你的心放在手上，再把你的手放在動物身上。」這是 TTouch 撫摸法的格言。

當你將手放到動物身上時，就是與牠產生連結的時候，TTouch 是一種輕柔撫摸動物的方式，主要在增加動物對身體的意識及幫助身體平衡，讓牠展現當下最好的樣子，發揮潛力。聽起來很奇妙，對吧？我在學習 TTouch 的過程中，確實見到許多動物的不同轉變，不論是狗狗或是主人。

我非常喜歡 TTouch，它能為狗狗的身體帶來嶄新的訊息，也能讓你開始意識到自己的身體，協助雙方的平衡。我們也能把 TTouch 放在身體照護的練習上，讓狗狗有時間調適自己，並增加牠對手的信任感。

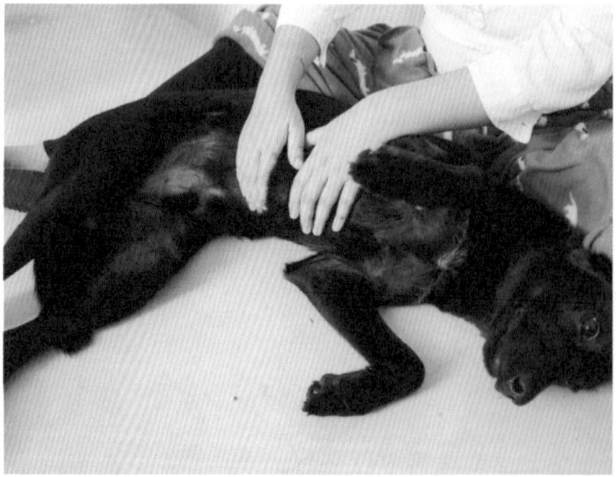

嘗試將手放在狗狗身上不同的部位，觀察狗狗的反應。

體驗 TTouch 手法可以將手輕放在自己的皮膚上，想像你的手有黏性，當你的手移動時，會帶動那一塊接觸的皮膚跟著移動，而非在皮膚表面滑動，移動方向為順時針，六點鐘畫一圈回到六點後，再到九點鐘的位置，即一又四分之一圈，停頓一下，舉起手，到另一個身體的位置去畫圈。力道的部份是輕比重好，你可以嘗試在自己的眼皮上移動畫圈，不會壓迫眼球即可。

雖然說起來 TTouch 是對狗狗的幫助，不過，整體來說，是我們「和」狗狗一起 TTouch。例如：經過鄰居家門口，若能意識自己的身體動作，知道自己容易緊張會忍不住將繩子拉緊，那麼，我們就知道在什麼時間點，需要幫助自己調整狀態，平衡自己的情緒，這也能間接幫助狗狗面對不喜歡的狀況。

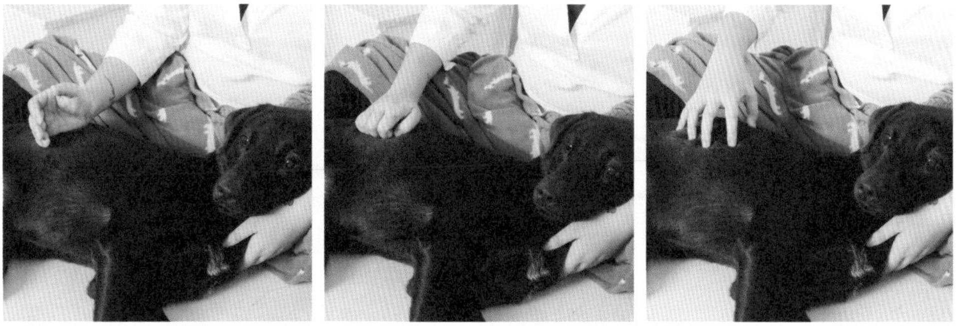

指腹、手背及手掌的側邊都可用來做 TTouch。

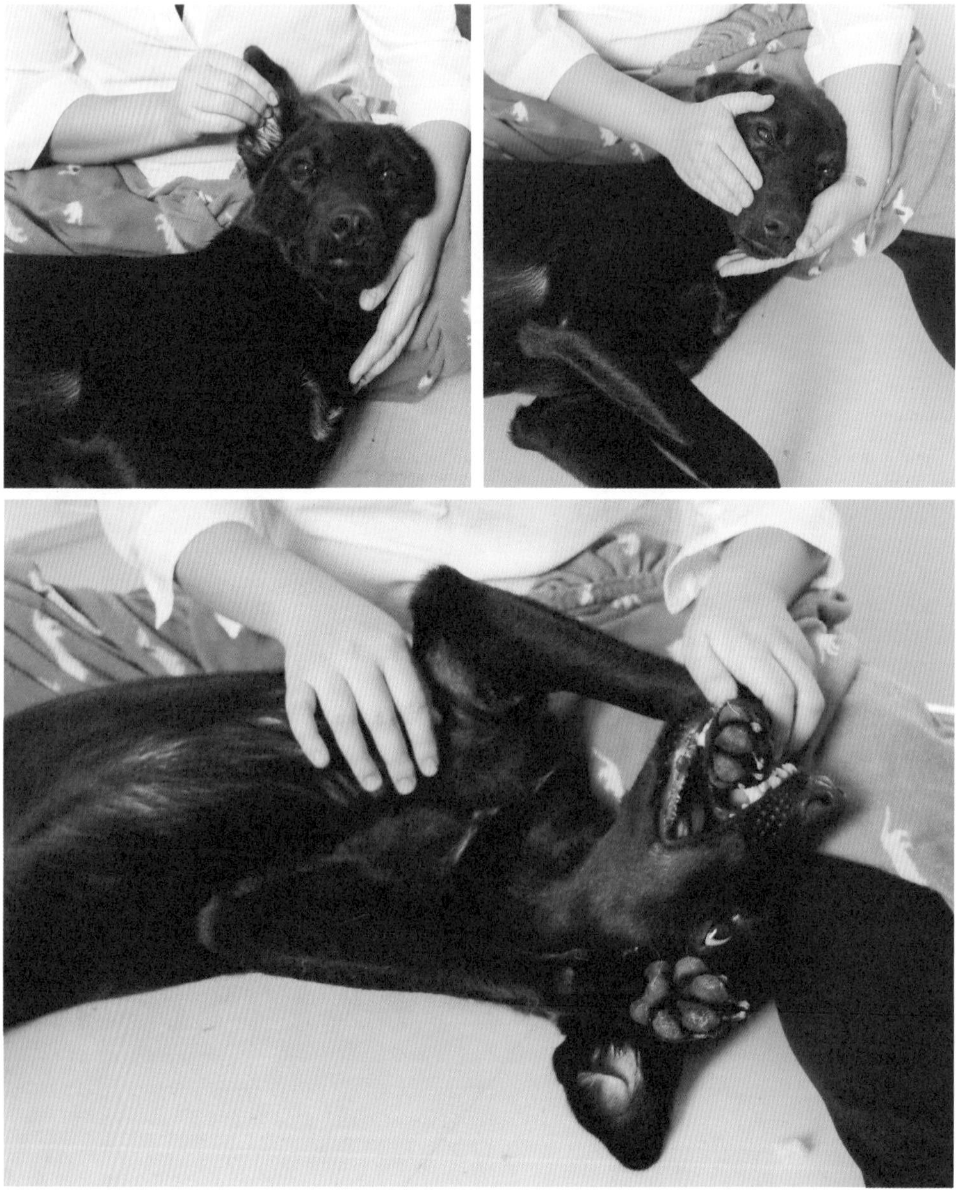

2 | 1
3

1、2. 幫狗狗的吻部及耳朵做 TTouch。3. 牠可能會溫柔舔舔你的手或啃咬你的手，表達不適。請尊重牠的反應，可以停止或將手移到別的部位，下次再試試在這個部位停留短暫一點。

TTouch 的時機

在什麼狀況時，可以為狗狗 TTouch 呢？

日常

在你想到的時候，調整一下自己的肢體動作放鬆身體，在牠的身體上畫幾個圈。TTouch 也成為我現在最常用來接觸新狗友的方式，給狗狗一些時間感受剛剛的撫摸。

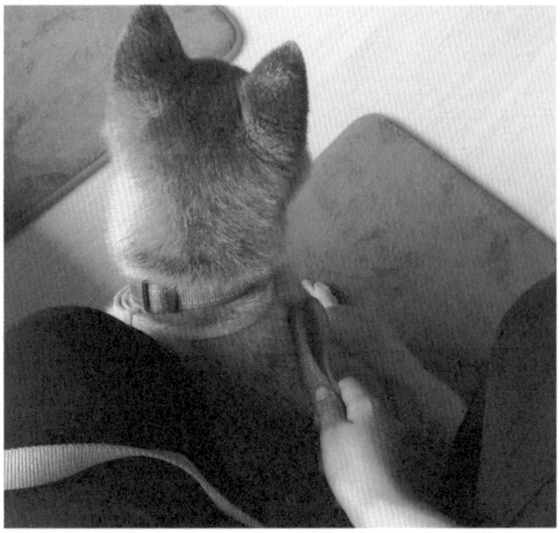

圖中的狗狗是我的學生，牠不太能接受人直接用手摸身體，最多只能接受牽繩碰到牠。在牠休息時，我試著用牠的牽繩幫牠做 TTouch，不時停頓讓牠的身體感受，過一會兒，牠就接受我用手直接幫牠 TTouch，最後趴在我的腳上睡著了。

去動物醫院時

帶狗狗到動物醫院，等待看診的時候，可在牠的身體或耳朵，做 TTouch 緩和牠的情緒。

對環境感到擔心時

當狗狗害怕鞭炮或打雷聲時，你可以在這時候輕輕扶住牠的身體，用手輕柔地在胸口或肩膀兩側做 TTouch，等牠緩和後，也可以在耳朵上畫圈，放鬆緊繃的耳朵釋放壓力。

天候狀況

在面對太熱或者溼冷的天氣時，耳朵的 TTouch 對血液循環很有幫助，我經常會在我家老狗耳朵上畫圈，幫助牠們的血液循環。

利用彈性繃帶與進階遊戲場幫助狗狗意識身體

除了特定撫摸手法外，我們還能幫狗狗綁上彈性繃帶（也可不綁繃帶）進行「進階學習遊戲場（Ground work）」的練習，協助牠發揮潛力，進而在某些生活情境下，找回自己的身體平衡。

例如，利用 TTouch 中的半身繃帶方式，纏繞狗狗的身體，繃帶鬆緊度約一根手指可穿過，不會太鬆或太緊即可。而「進階學習遊戲場」可以使用生活中常見的物品，例如：掃把、水管、腳踏墊或不同材質的物品來佈置場地，人藉由牽繩引導狗狗在場地中走動、轉身、呼吸及停下腳步。

在這個過程中，人也能學習協調自己的身體平衡，進而幫助狗狗流暢地使用四肢運動，雙方一起累積平衡和平靜放鬆的經驗。和前面提到的「障礙物練習」的差別是，在這邊我們不會使用食物引導狗狗，而是專注於使用自己的身體帶領牠一同完成練習。

如果你的狗狗是屬於容易害怕、不太有自信，對新環境不太敢嘗試，帶入這樣的練習，效果往往超乎我們想像。這個遊戲也適用在一些其它的情況，像是曾因受傷，重新學習身體平衡的狗狗，或在某些情境下，像是遇到其他人或狗會容易很激動的狗狗身上。

TTouch 裡的半身繃帶纏繞方式。

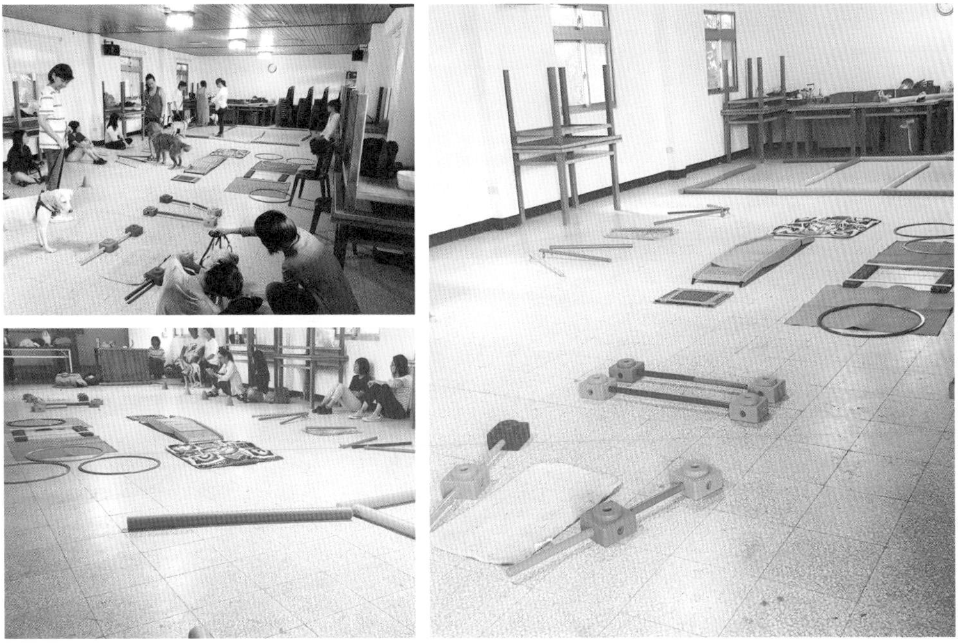

進階學習遊戲場，可以在地面設置生活中常見的物品，再用牽繩引導狗狗走動。

記得有次到寵物旅館上課時，裡面有一隻小獵犬經常靠著旅館的保姆坐著，牠來了好幾次，是旅館裡的常客，不過，牠大多時間都不太敢亂動或跨出去走走，更不敢接近其他狗狗。

當天幫牠上了 TTouch 裡的半身綁帶方式，接著在牠身上做了幾個 TTouch 劃圈後，牠維持原本的站姿一會兒，不過，牠沒有躲回保母的腳邊，反倒開始慢慢小心翼翼地行走，試著嗅聞周遭的人，我們也準備了一些物品，例如：我包包裡的牽繩、水壺，保姆拿了平常做遊戲的教具過來，牠都能接近嗅聞檢查物品。我們保持安靜看牠開始認識周遭的事物，這是一個很享受的過程。

再下一次上課時，小獵犬似乎更加勇敢，牠會溫柔地走向其他狗狗待過的地方，聞聞氣味，再溫柔友善地靠近其他願意讓牠接近的狗狗旁邊，對於牠開始有勇氣嘗試更多，是很令人開心的結果。

NOTE

如果你對於 TTouch 很有興趣，歡迎到台灣 TTouch 的官網去看看相關課程資訊，另外市面上也有相關的中文翻譯書可參考。

Chapter 8
Different Life Stages in People And Dogs
人生與狗生

人生規劃──另一半、結婚與懷孕後

當兩個人打算一起生活，創造一個家，實在是一個很重大的決定。光是兩個人要住在一起，就得花時間磨合，更別提還有一隻狗……或許原本狗狗本來是你養的，也或許是他養的，我希望你們能一起參與整個過程，這很不容易，不過，你得相信你的另一半，也許他需要花些時間才能上手，這段時間可能很長，但絕對是值得的投資。讓狗狗多一個信任的人，多一個人類生活夥伴，是很棒的事情。在前面的章節已有提過「人類好朋友」，不過，現在因人生已走進下一個階段，而這位你選定的「人類好朋友」，身份也會跟著一起轉變成家人。

關於兩人一起生活，不可諱言，一定會遇到很多狀況，甚至是衝突，這衝突可能來自狗狗跟他、你跟他。我不確定你現在是在哪個階段，但如果你正在經歷，你會發現自己跟狗兒出現了以前沒有遇過的情況。

可能的情況有：當他要回房間睡覺時，狗兒在床上低吼，不希望他靠近。他對狗狗的吠叫聲感到不耐煩，而他的不耐也讓你深感壓力。你認為他沒有把狗狗看得很重要，他躺在沙發上告訴你「狗狗大便了」，你覺得他離狗大便這麼近，為什麼不幫忙清理？他覺得狗狗要打才乖，而你只覺得可怕……諸如此類等血淋林的生活情境。

我想你可以這麼做：試著幫他找到狗狗可愛的一面！讓他了解他跟狗狗，在心中同等重要，都是你最愛的家人。同時，也要試著對他覺得重要的事情多一份心，這都是互相的，我想你不會希望在未來的某一天聽到「家人比你的狗還不如」，這樣心結可能就很難解決了。如果你會心疼狗狗被他罵處罰，那你也不該這麼做。或者我該說，我們都不該這麼做，我們甚至都不用這麼做。如果你找不到方法，最好的選擇是尋找正向訓練師，一起上課。有時候，我們得自己先做了，幫自己和狗狗打好基礎，另一半才會願意加入。

對彼此的生活認知與共識，最好是先在結婚前建立。因為我們都知道，結婚通常不是「你和我」兩個人的事情。如果你們彼此看狗狗的態度很一致，那麼婆家或娘家更容易尊重你們選擇的生活方式。有狗與另一半的共同生活，我建議早點開始進行吧！或許約會就從遛狗開始。

有狗狗和另一半的生活，更需要一起合作才能找到平衡，建議在平常可以互相討論相關的議題，避面後續必不要的摩擦及衝突。

恭喜你們，有小孩了！

「再過一陣子，牠就不是老么了；再過一陣子，牠就不是你的唯一了。當你有自己的人類小孩，你要開始花十幾年時間關愛、照顧及教育。當你花時間在人類小孩時，牠也在老去。」

身體將會在懷孕後開始產生變化，生活也因為這些改變，變得不一樣了。懷孕時，你可能忽然覺得沒有體力，你的狗狗可能會少了些機會出去活動。在這之前，你必須讓先生有和狗狗有獨自一起出去的機會，記得前面有說過，他需要花一點時間上手嗎？相信我，在你懷孕的期間，這絕對派得上用場。

我自己也經歷過類似的狀況。在懷孕的初期，我覺得心臟無力，明明窗外是好天氣，卻起不了身帶狗出去走走。尤其對我來說，帶狗出去晃晃，是我很享受的時間，也是我放鬆的方式。然而，在懷孕的初期我卻做不了我最想做的事，再加上賀爾蒙影響，我的情緒特別容易受到影響，對此感到特別難過，對狗狗也覺得很抱歉。這時候，你可以和我一樣，讓先生幫忙帶狗狗走走。有一點要留意的，因為過去是兩個人一起分擔這個工作，現在你不舒服了，也不代表他應該要完全擔起來，告訴自己對先生「合理的期待」就好，讓他做得比以前多一點就可以了，真的多一點點就好了。

其他部分，相信你的狗狗，能體諒你。在心裡告訴牠，「我最近會開始有些不舒服，所以影響到你的生活，請你多包容，我會讓這些事情慢慢回復的。」在那三個月，我的狗狗也花了許多時間跟我一起休息，想像你們正在「冬眠」，或許會好過一點。另外，也可以考慮的前面提到的「到府寵物保姆」服務，減少你們的壓力。

懷孕中期，我的身體已經適應了，就能再帶狗狗活動。這對孕婦很好，因為你絕對需要在這時候放鬆心情。翻翻前面的「練習」，在這個時候好好地複習與變化，也是熱身，因為後面會多一個小朋友，你會希望這時候已經把這些練習變成是日常的生活習慣，那麼未來需要花許多時間照顧小朋友的時候，這些成為習慣生活小事，也不會造成太大的困擾。

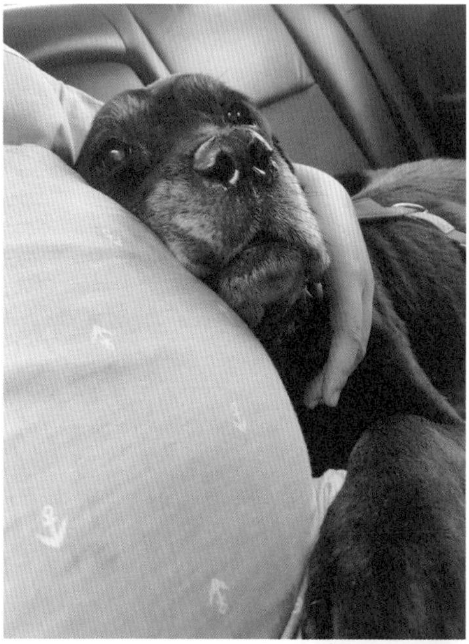

1/2 1. 當你花時間在家人、生活及小孩身上時，別忘了狗狗也逐漸在老去。2. 除了你自己以外，狗狗也能察覺你的身體變化哦！

留意狗狗的改變，給予耐心和愛心

有件很有趣的事情要分享，到了懷孕後期，我的狗兒糖開始有些改變，牠變得更容易疲憊，也特別「黏人」，當我們在家時，牠花上很多時間在睡覺，貼在我們旁邊，尋求更多的肢體接觸。我要出門時，需要多花一些時間帶牠先走走，接著回來陪一下牠，好好地在心裡對牠說一段話，「我要出門了，去教一堂課，吃個飯再回來，你乖乖在家，我會回來陪你走走，然後睡好覺。」這麼做，牠比較不會在我出門時哀叫。

我想這很可能因為牠已經十三歲了，身體開始老化。也可能因為半夜我總是不停爬起來上廁所，影響到牠的睡眠，進而產生更多影響。我的好友 Eric 告訴我，因為我快要生了，糖也感覺到緊張。我沒有深究「是哪部分的緊張」，不過，我明白生活即將開始不同。那是從未遇過的事情，我無法具體想像，沒辦法為每件事情都先準備好，但心理的建設及準備是肯定需要的。

你能想像往後的日子，對牠來說，會很不一樣。儘管你不一定會遇到這樣的狀況，我仍希望你能盡量觀察狗狗的變化。因為或許牠的改變會讓你有些擔心，將這事情看成另一個你們將一同度過的事就好，它需要花一點時間，任何事情的改變，都會有一定的影響，而我們也從這些改變中逐步調適自己。不用深究「具體原因」，但提供時間、耐性、減少生活上額外的壓力以及包容狗狗這時期的反應，是幫牠度過這段不適期的必要做法。

坐月子——做好分開生活的準備

你想過在哪裡坐月子嗎？打算花多久的時間坐月子呢？離開家裡一個多月，狗狗會不會覺得我不要牠？這些疑問會一再出現。我相信生活中少了你，狗狗會有段時間不太能適應，這也是為何我們需要好好安排的「分開生活」。

如果你希望在月子中心好好坐月子，不管怎麼安排，到府寵物保姆、寵物旅館或家人照顧，都需要做好心理準備的是，與狗分開的那一個月裡，生活上的變化會帶給牠壓力，也很可能對牠造成一些影響。在你與小孩回家時，需要給牠時間適應。我的做法是在家裡坐月子，請月嫂的幫忙，待在狗狗身邊，我知道，那對我來說，可能是最好的坐月子品質。

特別提醒千萬不要在「生活動盪變化」的時候才開始養狗，或許將心情寄託在狗狗身上，會比較好過。不過，你可能也不清楚在這樣的狀況下，是否會增加彼此雙方更多的負擔，讓事情變得更難，建議與家人一起討論，生小孩跟養狗的之間的順序與間隔。雖然總有很多事情不小心就發生了，狗狗或小孩就不小心來到你的生活，但能提早規劃，做些準備總是好的。

常見的狀況－搬家及換工作

生活總有意想不到的變化，搬家、換工作的原因千百種，無論是出於無奈被迫不得已，還是滿懷希望興奮迎接新生活，但在身邊多了其他的生命個體時，可以提醒自己多為他或牠未來的生活品質著想，我想應該提供一些作法，讓你們更好進入新生活，並協助狗狗適應新作息及新環境。

如何幫助狗狗熟悉環境

對狗狗來說，搬家不只是換到另一個空間而已，比較像是換到不同的氣味領域，屋外的世界也跟著大不同，以前早上七點只有鳥叫聲，不過，現在斜對面就是國小，同時間聽到變成鐘聲與小朋友的嬉鬧聲，這只是其中一個小差異，但狗狗的生活環境卻有可能是整個被翻轉，從室內到室外，在同一個時間內一併變化了。

在確定好新家的位置後，在還沒搬進去以前，就可以先開始帶狗狗練習了，還記得之前提過的每週留一點時間探索不同的嗎？可以每個禮拜抽一點時間，帶牠到未來新家的門口前開始往外散步，多試試走幾條不同的路線，協助牠熟悉未來的新家。散步途中，可以找個位置坐下來，陪狗狗聽聽看新家附近的生活型態及變化，接著帶牠回到舊家休息睡覺，記得要安排不同的時段去練習。

這樣當你正式搬進新家時，狗狗需要適應的事物就少一點了，只剩房子裡面以及新鄰居，因為外頭的散步路線及附近的人群動向等，牠已經先搞懂了。假如狗狗在舊家就已經對鄰居非常介意，聽到鄰居走上樓時會吠叫，那搬新家就能當成新的開始，或許一開始會帶來一些壓力，這是沒有辦法避免的，不過，搬家就當是重新洗牌，不妨抱持更多的希望進行練習。

另外，狗狗住在新家時，很可能會在你出門工作時，特別緊張、唉唉叫，或是你在家裡時，牠會跟來跟去，因為在目前的環境，牠最熟悉的就會是你，會有點固執地守著這份安全感，請給予牠時間這麼做，讓牠慢慢熟悉找回自己原有對家的信任，若可以調整工作時間或是安排寵物保姆到家裡陪伴狗狗，可能也會有幫助。

1/2 1. 在搬進新家前，可帶狗狗先去附近散步偵察會發生的生活事件，縮短適應新環境的過渡期。2. 狗狗到新家時，可能會在你出門時特別黏人緊張，記得給牠一些紓壓活動及時間適應新環境。

換個新環境，也許能讓訓練更順利

也許是想逃離那每天抗議的鄰居，你決定為了自己和狗狗的生活品質搬家，那是非常有勇氣的決定，我會為了你們高興開心，這的確不失為一個人生選項，尤其是在面對周遭鄰居的不友善時，或是你為了狗狗開始越來越容易與家人起口角，那換個環境確實會輕鬆許多。

我曾經有個學生，家就住在夜市樓上，狗狗從小就非常膽小，主人因此非常辛苦，每天出門就只能碰運氣，今天幸運一點，下樓時沒有遇到買快炒的人，那麼狗狗的散步就會比較順利。不過，有時下樓時，會遇到很多國中生來買晚餐，門打開的剎那，狗狗就會嚇到試圖掙脫胸背。

儘管我們很認真練習，狗狗在社會化上也有很大的進展，但夜市人群的未知數，仍舊是他們的人狗負擔。有天主人告訴我，他決定帶狗狗搬到另一個城市，在他分享給我的狗狗照片中，我看見牠在草地奔跑、休息，十公尺外是五個野餐的人，狗狗的潛力似乎被發揮得更好。或許，不是牠做不到，而是沒有環境讓牠發揮能力。

有時狗狗並不是做不到，而是沒有好的環境讓牠發揮。

換了新工作，重新調整人狗作息

當你換了一份工作，最可能影響到的是作息，以前九點半出門就好，現在可能六點半就得溜好狗狗，到了晚上八點才可能回來。這對你來說，肯定是辛苦的，身體不得不跟著調適，心裡可能也為自己感到委屈，我希望你將自己與狗狗一同考慮。

若是狗狗自己在家的時間忽然變長很多，在這還沒有適應的過渡期間，你可能會需要找幫手，前面提到的人類好朋友、寵物保姆等都可以在這時候派上用場。狗狗會因生活作息大幅變動而不安，上廁所的時間變得不固定，也可能會更加黏人。當你要出發去上班關上門時，聽見狗狗在另一邊哀哭，你也會跟著一起難過。

不過，如果換工作是目前唯一的選項，不得不這麼做，那麼請相信不管你過得是什麼樣子的生活，狗狗都會想要跟著你一起。

了解這是過渡期，在這段時間裡牠的身體與腦袋也在努力加班，牠所做的事情、行為反應，都是自我調適的過程，如同我們到不同國家會有時差，可以把這段過度期想成是為期一到二個月，甚至是更久的時差，不過，一天會比一天更好，你會慢慢適應，狗狗也是，我們一起努力適應新的作息。

不論過什麼樣子的生活，狗狗都會想要跟你在一起。

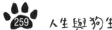

常見的狀況—小朋友與狗狗的互動方式

小朋友和狗狗在同一個畫面時，那樣的天真可愛總讓我們不自覺跟著微笑，我相信在小孩的成長過程中，有狗的陪伴是很難得的美好經驗。不過，如何讓小朋友是處於安全、狗狗也沒有壓力的狀態中，合適地拿捏兩方的相處分寸，卻是大家經常忽略的關鍵。

另一方面，我們也需要思考狗狗是否也一樣喜歡小朋友？雖然小朋友和狗狗在一塊的畫面很可愛，但為何常有小朋友被狗咬的新聞出現？而我們又期待小朋友從照顧狗狗中學到什麼？一起生活通常不會單單只有畫面好看而已，更需要發自內心的喜歡、擬定訓練計畫及找出執行方法，並懂得尊重另一個個體的需求及意願，上述的畫面才有可能會出現。

在小朋友與狗狗的相處上，最常遇到的就是用手摸了，但這個動作之後，有很多潛在的危險是大家沒看見的。喜歡不一定要透過摸來展現友好，建立這個觀念，小朋友便能學到在不同的事物上，抱持「合適的期待」。或許讓小朋友從學習從保持距離開始，狗狗也是一樣，兩邊彼此練習，減少在空間與互動上的衝突。如果小朋友是害怕狗狗不願接觸的話，也能利用保持距離來增加小朋友的安全感，或許他在未來比較安心後，會願意親近狗狗。當然，若小朋友和狗狗目前都沒有意願做進一步的認識，也不需要強迫他們正面對決嘗試接觸。

成犬V.S.小朋友

家裡狗狗是成犬，小朋友是學齡兒童，這個組合也許會讓你比較輕鬆，因為許多狗狗都知道自己要做什麼，也知道自己什麼時候想要離開，什麼時候願意讓小朋友靠近。只要引導小朋友懂得觀察狗狗的肢體語言；摸狗的時候，手法輕柔，時間短暫一點；牠可能會被某些動作或聲音嚇到，就不太敢再靠近，這些都能讓小朋友了解自己的言行所帶來的結果與影響。

幼犬或剛滿一歲的成犬V.S.幼童

這個組合會需要幫助他們彼此能夠獨立自己活動，保持專注進行自己的事情。例如：在安排嗅聞遊戲給狗狗的同時，讓人類幼幼做比較靜態的活動，像是畫圖等。當然最重要的是他們需要在大人的監督下，才能在同一個空間相處。

小朋友在墊子上玩耍，若是狗狗選擇到靠近小朋友的墊子旁邊，也不代表牠希望一起玩。教小朋友不要打擾休息的狗狗，更能讓狗狗對於有小朋友在旁邊時比較安心。

小朋友與狗狗的相處之道

在了解前面提過的安定訊號後，你可能會對小孩躺在狗狗身上，或者企圖拉狗狗嘴皮的影片感到心驚膽顫。這些事情對狗狗是很有壓力的。狗狗不開咬，不代表牠喜歡眼前發生的事情。

這情境放在人類小孩跟對另一個小孩身上，我們很快就會覺得這些動作並不合適，會說：「小朋友還不太會拿捏力道，等等玩一玩要是哭了，或打起來怎麼辦？」但同樣的劇情套用在狗狗身上，似乎變成只用「狗狗會不會咬下去」當作依據。

我想這是需要好好思考的問題，為什麼我們只要求狗狗學習包容小孩，而非小孩也需要好好地了解狗狗？適合小朋友與狗狗的互動方式，如下：

任何相處都是互相的，我們都要懂得尊重另一個體的意願。

用轉身的動作拒絕狗狗

由於小朋友的身高不夠，無法舉高避免狗狗碰觸，在狗狗撲跳小朋友、或小朋友手上拿著不希望牠碰的物件時，可以保持安靜利用轉身來拒絕狗狗，狗狗也能因為小朋友的轉身動作，理解接下來他們之間不會有更多的互動。

放慢動作、音量變小

當狗狗在睡覺的時候，可以提醒小朋友走路慢一點，聲音小聲一點，狗狗會是教小朋友學會慢慢來的最佳導師。要適當地引導，而非一味制止小朋友的行為，試著用小朋友能理解或遊戲的方式，說明狗狗會因為哪些事情感到「怕怕」，或狗狗喜歡什麼類型的互動方式。

小朋友保持安靜不動，讓狗狗檢查完後，再慢慢離開。當然由大人示範給小朋友看是最好的。

一起動手準備小禮物玩嗅聞遊戲

我的外甥及外甥女喜歡準備禮物給我的狗狗，他們會有一段勞作的時間，蒐集紙箱，拿不要的衣服，運用蛋盒、泡泡紙等，做成豐富有趣的禮物盒，並在裡面藏零食給我的狗狗玩。我也會帶著他們觀察狗狗是怎麼發現食物，像是狗狗透過眼睛掃視、鼻子嗅聞、嘴巴撕開、用手輔助踩住盒子、身體後傾出力等方式來打開盒子吃到裡面的零食。

也可以安排較年紀較大的小朋友為狗狗準備零食，並負責撒或是藏在家中四處，當狗狗嗅聞時，向他解釋為什麼狗狗不知道他把零食藏在拖鞋下面，是因為氣流的變化，讓狗狗需要再仔細地尋找氣味。如果他說出「狗狗好笨喔！都找不到！」的時候，也可以跟他解釋狗狗是如何運用感官的，問問他覺得怎樣才能幫助狗狗找到零食？這樣的安排，小朋友能學到觀察，以及動動腦思考遊戲的難易度，更能學習到站在他人的角度看事情。

外甥女們靜靜觀察她們為糖製作的小禮物，盒子裡有很多機關藏了許多狗零食。

小朋友製作給狗狗的禮物。

小朋友動手做勞作藏零食給狗狗玩。

這可以激發小朋友的創意，也可以教導他們如何與狗相處。

限制場地及遊戲時間

若小朋友年紀太小，還不好引導與狗狗互動，能安排的是一起遊戲的時間。遊戲時間到了，使用兒童柵欄將小朋友圍起來，在柵欄內佈置好小朋友的玩具，而柵欄外的空間是狗狗的，佈置好環境（可參考環境豐富化的練習），讓狗狗跟小朋友不會相互打擾到對方，各自進行自己的遊戲，有時候也能交換彼此的玩具。這是一個好機會，能讓狗狗了解小朋友以及小朋友玩具的氣味，主動提供小朋友的玩具給狗狗「檢查」，牠就不太會因為好奇或因你的激動反應而選擇不把玩具還給你，這些玩具在消毒完之後，可再還給小朋友。

找出狗狗的安全地點

在可以不使用圍欄的情況下，必須確保狗狗能夠輕易到達牠的安全地點。所謂的安全地點會是稍有高度的地方，可能是家中沙發的一角，或者是在客廳茶几旁的角落。當狗狗到達這個地點時，小朋友是不會碰到狗狗的。當狗狗知道自己能有一個不被打擾的地點時，也會比較願意出來嘗試與小朋友待在同一個環境。我的建議通常會是有高度的墊子或架高的涼床，大人在控管全場時，也比較好清楚看見狗狗的選擇，這可用來建立規則，讓小朋友清楚當狗狗跳上墊子，就不能再靠近了。

餵狗狗吃零食的方式

為了讓狗狗與小朋友相處融洽，很常看見大人會請小朋友手拿著零食餵狗狗，這麼做確實有可能會讓狗狗對小朋友產生好感。

不過，考量小朋友手拿食物的方式，狗狗很可能不小心就會含到他的手了，比較好的方法是讓小朋友放在地面上給狗狗。或者給小朋友的一個遊戲練習，準備一個大一點的臉盆或者呼拉圈，讓小朋友把零食扔到裡面，自然可以拉開兩方的距離（兩方的壓力都會比較小），狗狗會在臉盆前等零食，小朋友也能練習瞄準投食的技巧。可以針對小朋友調整遊戲難度，例如：將臉盆越變越小，或者讓小朋友越站越後面。

養一隻狗，讓小孩學習照顧與責任感吧？

希望小朋友從養狗這件事來學習所謂的責任感，不知從何時開始變成一種社會風氣，初衷立意良好，但我們常不自覺忘記生命是真實的，小朋友的生活經驗還太少，也忘了所謂「一家人」是非常需要時間的磨合，有時也可能磨不了，在這麼多不及備載的變因下，要一個年輕的生命對另一個生命談照顧與責任感，是不是把一切想得太簡單了？

事實上，小孩子的成長過程中有狗狗的存在，確實是很美好的事情，他們可以從中學習的事情太多了，懂得另一個個體的生活需求、履行承諾負起責任、培養耐性、同理心與愛心、了解生命的短暫……等，裡面有太多值得一起發現體驗的生命課題。因此，我們無法只是將狗狗放在小朋友的面前，什麼都沒做，就期待他們彼此會互相學習。

關於學習照顧與責任感，必須以身作則，先從自己開始做給小孩看，例如：如何尊重狗狗、會記得每天落實帶狗散步，主動確認照顧狗狗的事項是否完成，以及關心狗狗的健康與心情等。在狗狗的照養穩定後，偶爾讓小朋友加入一同參與。然而，小朋友終究在許多生活事件上沒什麼經驗值，身為大人的我們一定要在小朋友照顧狗狗時，負起監督的責任並適時協助。

我們也得先身體力行，完成所有希望小朋友能學會的事，更可能需要時時刻刻反覆示範與提醒，做不到這些基本，小朋友就沒有可以參考的模範去調整自己的言行，而我們做不到的，也就更別冀望小朋友能做到那些我們所期待的事。

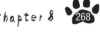

對小孩說出「是你說要養的，就要顧！」這不是一句有責任感的話，我們要做的是，不要立即答應，在小朋友提出養狗時多方詢問，在大家都很確定要養狗狗後，提前與小朋友一起規劃未來可能的人、狗生活作息行程，一起練習那些你們可能會需要做的事，即便狗狗還沒有來到家裡。

陪著小朋友觀察這隻毛絨絨像玩偶的狗狗，牠帶有活生生的情感跟需求，這有助於小朋友發展同理心與尊重。如果總是發零食給小孩，讓小朋友要求狗狗坐下握手，就錯失了觀察及試著了解狗狗的機會，當然也可能教會小朋友當另一個體做的事情不如所願時，要生氣並且更兇的要求。

同理心以及尊重另一個個體的意願，是我最想教給小朋友的事，關於他們之間的相處，能有更好的方法，也唯有如此，才能真正看見小朋友與狗狗在一起的幸福畫面！

陪著小朋友觀察這隻毛絨絨像玩偶的狗狗，學習與動物的相處之道。

常見的狀況－新生兒與狗狗

「坐完月子或從醫院帶新生兒回家，要怎麼讓狗狗適應呢？」狗狗很想你，好多天沒見到你，牠會需要一點時間。良好的安排是一到家時，請先生抱著嬰兒，讓你能好好地跟狗狗打打招呼摸摸牠。

抱著嬰兒讓狗狗聞聞看看，如果擔心牠舔到嬰兒，那麼就抱高一點或坐在椅子上。再將能讓牠接觸的嬰兒用品，放在地上給牠聞聞看。這會是接下來幾天你會需要做的，牠好奇許多沾有嬰兒氣味的東西，連用過的尿布都能折起來讓牠聞一下，再拿去丟。過幾天，就不需要這麼做了。

如果狗狗本來就在家裡自由自在，但是嬰兒回家後，反而把牠隔起來，這對牠會造成很大的壓力，我們的目標是幫牠適應接下來會有新成員加入生活，因此更需要讓牠了解會發生哪些事。

嬰兒的哭聲

這通常會讓狗狗感到不安，不知道這個小小生物怎麼了，好像需要幫忙一下，這時會是吐蕊阿嬤手勢使用的好時機，當嬰兒哭時，給予狗狗手勢，再去處理。

手上抱著嬰兒沒辦法給手勢時，可以簡單地告訴牠「謝謝，我知道了。我來處理。」或許牠聽不懂你說的話，不過，透過你的表達及帶動肢體，我相信也能傳遞一樣的訊息讓牠安心。這將隨時會發生，不管是為了嬰兒還是狗狗，都需要練習保持冷靜地處理。

嬰兒的氣味

當你脫下小嬰兒的衣服準備洗澡，可能會發現狗狗走過去聞他的衣服，當然也可能在其他時候，牠會企圖奪走紗布巾，甚至是擦屁股的軟膏，這些東西對牠來說太新奇了，牠很想了解。

如果收好了，牠當然沒有機會，但要是不小心被拿走了，只要不是危險狀況，讓牠研究一下沒關係，可以離開去做別的事情，或者拿第二塊尿布或奶嘴出來使用，有些狗狗會在之後失去興趣，可以將那物件留給牠，丟掉或是消毒後再使用。

在這些情況下做出很大的反應，可能會遇到更嚴重的問題行為，像是護資源等。要讓狗狗適應小嬰兒，還要照顧小嬰兒已經很累了，我想應該不會想要再多處理一個因為處理方式不當，而衍生出來的問題行為。

狗狗通常會很好奇小嬰兒的氣味，可以給牠聞聞看嬰兒用過的東西。

嬰兒吃什麼

奶粉、母奶這些東要所帶來的氣味，對狗狗來說，是非常有趣的。我自己會給少許的母奶，放在牠的碗裡，讓牠試試，我不確定將小嬰兒不喝的奶給狗狗會不會造成問題，因為每隻狗狗都不太一樣，你可以跟獸醫師先討論，以及視自己情況再決定要不要這麼做。

留意空間的變化

多了一個小幼幼，接下來的生活都會有很大的變化，在空間上會多了嬰兒床，多了放尿布的地方，衣櫃等，空間變小，影響比較大的會是動線還有視線，或許你會移動狗狗的休息位置重新擺設，也可能會在抱小嬰兒的時候，不小心踩到牠，記得提醒自己留意狗狗是否有安心休息的地方。

作息變亂，記得要有的紓壓活動

小嬰兒很快餓也很快上廁所，也經常因生理需求而哭，所以除了原本的作息變亂外，狗狗也會面臨一樣的事情。當小嬰兒半夜哭醒時，牠也會跟著醒來，也可能過來關心，輕輕地告訴牠：「沒關係，我來處理」。狗狗的身體也許會在適應的過程中產生壓力，出現一些狀況，像是上廁所的習慣變不固定，對外在聲音變得很敏感等。包容牠做出與平常不同的行為外，儘管你很忙很忙，也需要在這期間提醒自己狗狗的紓壓活動不能少。

多了嬰兒床會影響空間的變化，在移動時需小心。

一些關於寵物與嬰兒的迷思

小嬰兒與狗狗住一起最常被提出細菌或塵蟎的問題，有研究指出小朋友跟狗狗一起成長能減少過敏發生的機率，而勤洗手，較為頻繁地清理家裡的床單、地面等環境清潔有做好的話，大致上並不用太過擔心。

在我家狗狗是能四處走動的，床上也沒問題，唯一擔心的是，當小嬰兒被厚厚的被子蓋住時，狗狗會不會不小心踩到他？如果小嬰兒會在大人的床上，我建議利用枕頭或是被子等物品，圍在他的四周，這樣狗狗不容易不小心踩到，他們之間也能有一定的距離。

狗狗不一定是因為家裡多了一個嬰兒而有問題，也許牠本來聽到聲音就容易吠叫，嬰兒的出現與生活上的變異，又讓牠多了幾個需要吠叫表達的情境，那更不該認為都是狗狗不喜歡小孩的問題，因為狗狗會對嬰兒叫而必須放棄牠，我想這不是最好的處理方式。

調整心態找出一起生活的方法，時間與包容能幫助狗狗更加適應。也許可以準備相關資料來說服家人，解說有狗狗陪伴的成長對小孩子的益處。儘管可能很多人聽不進去，但當我們準備好合適的對應方式時，也就表示我們正在盡力，堅持有狗狗在小朋友的生活裡，需要的會是勇氣。

我期盼小朋友可以在狗狗的陪伴中長大，他能在這樣的過程中擁有一顆柔軟的心，為了他們我願意多做一點的事情，讓一切變得順利，如果你正走在這樣的人生歷程中，請給自己跟狗狗練習一起生活的機會。

照顧任何生命本來就不是容易的事，
但我們為因為這些而變得更勇敢。

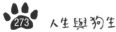

我想再養第二隻狗陪原來的狗狗

有時候我們覺得自己很忙，不如再養一隻狗陪原本的狗，但還兩隻狗狗是否合拍？直接加入一隻狗在生活中，並不容易。在想像美好的未來時，我們常會忽略那些現實生活可能會出現的問題，例如：多了一個新成員，在空間及作息上，都會產生改變，而這過程都很有可能會為這兩隻狗狗帶來更多壓力，產生行為問題。

有同伴的感覺確實很好，但還可以怎麼做？經常帶自己狗狗去和社交技巧成熟的狗狗聚會，這麼一來，不需要負擔更多的心力時間與金錢在第二隻狗身上，但牠仍舊可以交到好朋友，享受有同伴一起做活動的感覺。

你可以到不同地方走走散步，或許會遇到不錯的狗狗與主人，互相留下聯絡方式，下次約出來一起散步。或者嘗試與身邊有養狗的朋友，彼此多聚會幾次。從不同管道來為牠安排合適平靜的社交聚會，會比在衝動之下養了第二隻狗來的更好。

所以，你家的狗狗是否真的需要另一隻狗的陪伴？會是要先思考的問題。

評估自己與想像第二隻狗狗的可能模樣

評估自己的能力

維持生活品質是無法用有限的時間直接除以二，在決定要第二隻狗前，請評估自己的能力與時間是否能為此再多出二至三倍？一部分用來幫助原本的狗狗調適作息環境的改變，一部分用來準備讓新的狗狗融入家裡，再多拿出一部分幫助牠們彼此之間的相處和諧。

此外，也需要考量遛狗的方式，全都推車帶出門或全部一次遛完，我想這並不是好的方式，每一隻狗狗都需要好好地散步，全部綁在一起，看起來確實很「壯觀」，但整個散步的過程中，沒有一隻狗狗是能走到自己想去的地方，花自己需要的時間嗅聞，用自己需要的方式伸展。

有時候第二隻狗狗就這麼「不小心」地出現在生活中了，如果不得不，幫自己心理建設，只好認命「好吧！就多了這一隻，我就是得多花上更多更多時間來安排牠們的生活。」接受這個事實，好好地安排規劃狗狗們的生活，雖然不知道要花上多少時間與心力，但至少心裡有個底，當然還有一個重點是調整自己的期待，或許牠們出去散步時，能和平相處就很不錯了。

生活品質是無法用有限的時間直接除以二或三或四，評估自己的能力非常重要。

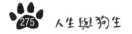

考量原有狗狗喜歡的相處方式

狗狗擁有狗同伴確實很快樂，就像人一樣，有些人喜歡時時刻刻都膩在一起，有些人喜歡少少的互動相處，但我們都還是希望那個能長久互動的對象是你喜歡的。加入一隻狗，會需要評估你家原本的狗狗喜歡的是哪一種相處方式？牠喜歡跟鄰居的那隻白色小狗玩，不代表牠接受所有白色的小狗；牠喜歡每天晚上見到這隻狗朋友，不代表牠可以接受這隻狗朋友到家裡跟牠一起分享主人的愛與資源。

以成犬、不同性別、合適的年紀差距為原則

有時我會特別為同一家子的狗狗上相處課，因為在生活中，狗狗容易因為彼此而有壓力，主人也沒有意識領養新的狗狗，可能會對原本的狗狗帶來衝擊。如果真的想要再養一隻，我鼓勵認養成犬，一般來說，狗狗的性別不同，確實能有互補效果。

年紀差三歲會是比較保險的安排，一樣都是年輕幼犬相處起來太瘋狂；年紀有些差距，可以一隻作榜樣，讓另一隻狗狗參考。年紀差太多，就像是高齡阿公顧孫子，非常吃力，新成員活力旺盛，到處彈跳，也很可能撞傷老狗或影響牠的休息品質。此外，認養是很好的選擇，現在有很多中途救援來的狗狗，也許可以讓牠們也有幸福生活的可能。

不一定要再養第二隻狗，找到志同道合的狗朋友也很不錯。

狗狗們的第一次見面地點選擇與活動安排

中立的見面地點

養第二隻狗狗所需的準備內容並不是那麼容易，在看到可能合適的狗之後，會需要安排幾次的見面會，讓牠們漸漸習慣彼此的存在。那麼合適的會面地點不會是在家裡，而是中立的地方像是公園。

循序漸進累積彼此的好感度

第一次見面的印象很重要，需要保持多一點的距離，也不適合摸新狗，只要一起散步走走，偶爾坐下來休息即可。在打下良好的基礎後，也許之後能一起做活動，例如：嗅聞遊戲，只是要留意狗狗之間有沒有資源保護的問題，一開始可各自分配牠們到不同的樹做嗅聞，再慢慢地重疊某些地方拉近距離。進行放鬆紓壓的活動後，對彼此留下好印象，再下下次或許就能見到牠們看見彼此的開心。

第一次見面比較好的地點會是在中立的地方。

雖然帶回家又是另一項挑戰，有些人帶了一隻狗狗回家，很幸運地與本來的狗狗相安無事，後來也成為很好的生活夥伴。也有許多狀況不是這樣，需要更加小心規劃，希望大家在認養第二隻狗時好好評估不要衝動，別僅僅只是因為遇到的那一刻感覺很有緣。相遇只是短暫的一刻，當下的感覺並不能支撐往後的日子，往後的日子仰賴的是腦袋跟心智，這也是為什麼我們需要用心學習與感受。

適合你家的第二隻狗狗會是誰？

Chapter 9

The Most Beatiful Age Of A Dog

老犬正是最美的年紀

關於狗狗老化這回事

前面的階段，我們擁有一隻一起變成熟的狗狗，到了老犬階段，牠所累積的生活智慧甚至比人多很多。這我最喜歡的年齡。不是因為牠們不太動了，一直睡覺很好顧，而是看見牠們充滿智慧的那一面，讓我覺得非常美麗。仔細觀察老犬的眼神、毛髮都帶著歲月的痕跡，每一隻老犬都很棒，你會在這個階段的相處，看見屬於這個年紀的美。

「狗兒只會活這麼幾年，那麼這幾年應該要是很好的幾年。」狗狗的肌肉治療師茱麗亞・羅伯特森（Julia Robertson）這麼說。狗狗的壽命硬是比人少了數十年，如果你在二十歲時就開始養狗，那在你步入老年時，或許已經遇見三到四隻的老犬，如果你能接受從成犬養，那麼能遇到的智慧就更多了！

一般當狗狗七歲了，就算是進入老犬階段，但這部份因狗而異，小型犬與大型犬就有很大的差別。七歲的小型犬也許還是壯年，但七歲的大型犬就要考量老犬會有的需求。而有些狗狗因為先天的殘疾，身體的狀態也可能與老犬相似，活動時間需要短暫一點，休息時間會長一點。

想像牠在不久之後會離開我們，並將最後的那些日子，甚至最後一刻託付給我們，這是多特別的恩典，因此，提供合適的活動與照顧，讓牠擁有好的身體狀態及良好的生活品質，老犬養生會是我們接下來的目標。

重新認識現在的狗狗

老犬這階段不單單只是臉上多了許多白毛，個性與行為也因身體衰老而產生一些改變，你會發現牠跟以前有些不同。

某一部份的牠開始變得慈祥，見到小孩子不像以前那樣氣呼呼的，不過，也可能看到小孩後趕快跑走，或者僵硬地站著一直對他們叫。或是明明自己拿著娃娃來找你玩，但不一會兒就不理你了。也變得不太想再跟其他狗狗跑來跑去，看到年輕的狗狗更不想靠近，畢竟牠們的活動及速度都會讓牠來不及反應和閃開。

牠對大型的活動聚會也越來越反感，可能不參與，只待在你附近，也或許牠生氣地對著大家叫，這都是在告訴你，這一切對老犬來說，太多了，該離開了。

也有可能是牠本來很喜歡人，但現在可能只要有人來，就跑去躲起來；或在朋友驚叫一聲「啊！牠咬我！」你才覺得奇怪，明明這位朋友牠見過很多次……不要責怪牠，跟朋友道個歉、擦藥就好。那需要對牠做什麼嗎？

我們不需要罵牠或企圖做任何事情想讓牠知道這麼做是錯的。重要的是了解當下的狀況，推測是什麼原因讓牠感到不舒服。

或許是因為朋友摸完牠起身時，手不小心撐在牠身上一下造成疼痛，或許是牠趴著休息，他走過來時，狗狗的視力不好好沒有留意到，加上忽然被摸一把受到驚嚇。也有可能是牠主動來找摸摸，但摸一摸忽然咬了一口，別認為這是針對你，也許是長期慢性疼痛讓牠睡不好，因休息的品質受影響而變得敏感，請記得與獸醫討論狗狗的健康保養。

再來是和平常一樣跳上車子，但這次卻不小心踩滑掉了下來；轉彎時煞不住車，往你的身上倒；起身時腳軟或起身後站在原地特別久；遇到門檻時，特別遲疑或者用力跳過去，而不是走過去。當你「好心」提醒牠快點，卻可能讓牠感覺到更加緊張，也就開始對你低吼或者含咬你那隻推牠的手。

請記得，因為我們不了解牠的身體狀態，或許，從外觀並未察覺太多改變，但至少當牠做出與之前不一樣的行為時，先想想是不是哪裡需要留意？面對身體的變化，有時候牠也還來不及做準備。

你可能會發現狗狗更常避開人們，走到安靜的地方睡覺。

老犬的生活環境與活動安排

犬隻肌肉治療師茱莉亞．羅伯森（Julia Robertson）曾經說過：「身心健康的狗兒是有一點調皮，會使用小聰明，企圖做些事情的。」當狗狗老了，你會發現牠們好像非常「乖巧」，什麼都不做，只是趴著一直休息，其實可能因為身體不舒服，而非沒有辦法做些什麼。

希望狗狗陪我們久一點，請給牠機會，調皮一下，享受點樂趣。幫忙牠減少身體不適或疼痛，享受晚年，也感恩牠還能這樣玩，牠會活得快樂。為此，考量老犬的生理與心理，我們需要重新思考調整狗狗的生活環境與日常活動的安排，讓牠以最放鬆舒適的步調走過這個階段。

關於老犬哪些事情只能留在以前，現在要減少，又有哪些事情是以前不用做，但現在要增加呢？

當狗狗走到老犬階段，會需要我們更多的包容。

老犬居家環境小改造

創造友善空間

一旦狗狗的視力不好，會需要讓家裡的家具固定位置，不要輕易變動，若是牠經常不小心撞到的地方，也可以開燈、增加亮度。聽力不好時，我們更需要放慢自己的動作，讓牠知道要靠近了。

能止滑的地面材質

我們都知道穿著不合腳的鞋子走路有多傷腳。對於大部分狀況都不需要穿鞋子的狗狗來說，腳下踩的是什麼地面材質就很重要，增加數塊有摩擦力的地墊，能減少腳掌的負荷，也能減少牠滑倒受傷的可能。需要安排止滑地面的地方可能有客廳，以及其他狗狗會走動的地方，推薦使用不同觸感的止滑墊，這麼一來，牠的腳也能體驗不同的材質，費用上也許會比較便宜。記得只要還能走，生活就可以快活點。

老犬輔助胸背可用於狗狗不好起身時。

老犬輔助胸背

若狗狗自己不好起身，可以轉換使用老犬的輔助胸背帶，這一類型的胸背帶通常提供握把，讓人輕鬆扶起狗狗，你也可以更細心地縫上軟墊，減少狗狗在腋下跨下等地方的摩擦。

睡床的選擇

你可能會發現，狗狗會將頭靠在睡床某個隆起的一塊，枕頭能讓牠的脖子在休息時放鬆。要留意有些狗會因為肌肉委縮不易起身，不適合太過鬆軟的睡墊，可以選擇彈性或記憶墊床墊。

無法自己翻身的老犬或許會需要在牠的睡墊下鋪尿布墊，當牠尿出來時，尿布墊可以吸收大部分的尿，狗狗也可以保持乾淨。我建議在尿布墊上加一塊老犬介護墊，這樣躺起來較透氣，尤其當牠尿尿了，尿也能夠迅速往下滲透，狗狗會比較舒服。

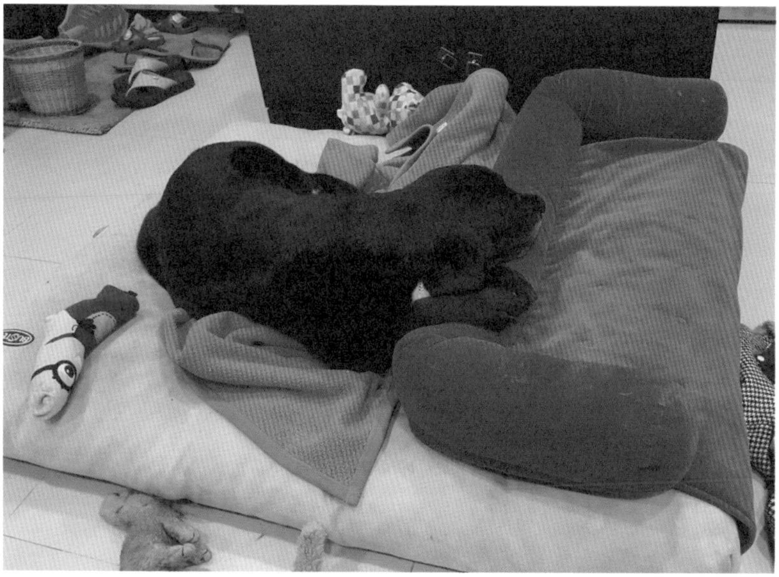

加入枕頭，也可以讓狗狗的脖子有個支撐，狗狗會找到自己想要的休息方式。

維護老犬的散步品質

好好地慢慢地走路

有時我會見到牽著老狗的主人不加思索地牽（拖）著牠持續前進，完全沒注意牠在後方跟上的步伐是這麼地吃力。每天要多走走，並不是讓牠無法負荷，踏好每一步非常重要，走路時每一隻腳輪流舉起放下，重心隨著四隻腳輪流舉起與移動，這對每隻腳都很好，也因為牠變慢了，我們能從牠身上學習到等待，平靜地等牠起身、伸懶腰，再散步。

老犬的散步注意事項

狗狗現在或許做不到散步一個小時，但牠現在仍然需要散步，最好是中間能多一些休息時間，再繼續走走。由於牠現在的腳跟背部會很容易不舒服，散步的地點會需要費點心思，走在有彈性的地面會比較好，像走太長的柏油路就不合適，而草地可緩衝四肢及身體所承載的壓力，會比較適合老犬。另外，若能有一些高低起伏，些微的坡度對牠們也很好，可幫助牠練習改變身體重心。

重新思考老犬的生活所需。

散步時，有些微起伏可以幫助牠們練習改變重心。

留意老犬的身體照護

減少洗澡的次數

特別是秋天或冬天，天氣涼了，身體也容易受寒，需要留意狗狗是否會著涼，像是站著洗澡再加上吹毛，這些加起來所花的時間過長，牠也得站在同一個位置不動，是很不舒服的。如果擔心牠身上的味道變重，可以透過梳毛、用天然的清潔劑稀釋幫牠擦擦身體，眼角部份溫柔用小手帕擦擦、嘴角及下巴用擰乾的毛巾擦完，再用乾的布及自己的手幫牠搔癢。

另外，牠的腳掌也沒有像以前那麼有彈性，腳掌修護膏可減少龜裂，邊按摩邊擦上修護霜，幫助循環外，這也是你們情感交流的互動時間。

加上保暖或散熱的衣服

老化也會讓牠身體的循環調節不好，太熱或太冷都有些影響。太熱的時候，牠們會很喘，出去散步時，用手摸摸地板的溫度，可能會需要幫狗狗穿上散熱的衣服，或用擰乾的溼毛巾擦一下身體。若是狗狗回到家裡喘了很久都還不能好好休息，就要帶去看醫生。太冷的時候，你可能會發現牠更不想出門散步，因為關節會更不舒服，可以在室內幫牠TTouch及熱敷，做一些暖身活動，讓牠還是能動動身體。

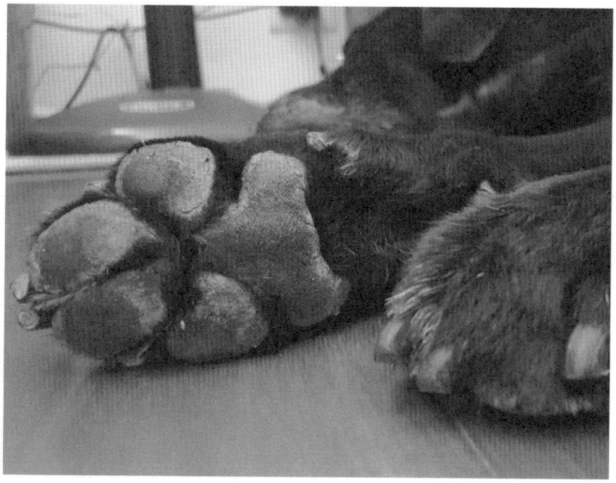

幫牠的腳掌按摩擦上修護膏可以減少龜裂。

保健食品顧身體基本

「狗狗老了，你推薦什麼保養品呢？」這部分聽醫生的準沒錯，他會依照狗狗個別的狀況提出最為合適的需求與保養建議。依照醫生的指示提供益生菌、消化酵素、好的油脂來源、關節保養等。我認為還有一點在老犬的生活中非常重要的是，請與你的獸醫討論狗狗是否需要止痛藥，舒緩牠身體的不適。另外，也有許多老犬可能會開始水分攝取不足，建議在新鮮的食物上多做點功課。

請教獸醫如何觀察老犬的健康狀態

除了詢問合適的保健食品外，也可以請教醫生如何觀察老犬的身體狀態？了解牠們哪邊會不舒服？容易發生在老犬的疾病有哪些，可能會有哪些初期的症狀？尤其是很多狗狗都不喜歡去動物醫院，因為檢查過程往往讓狗狗不適應，特別是生病時，一連串的檢查會讓牠的心情與身體都吃不消，自然會排斥。記得看完醫生別急著回家，只要狗狗的健康狀態允許，帶牠去走走放鬆或視情況在醫院附近陪牠玩一場嗅聞遊戲。

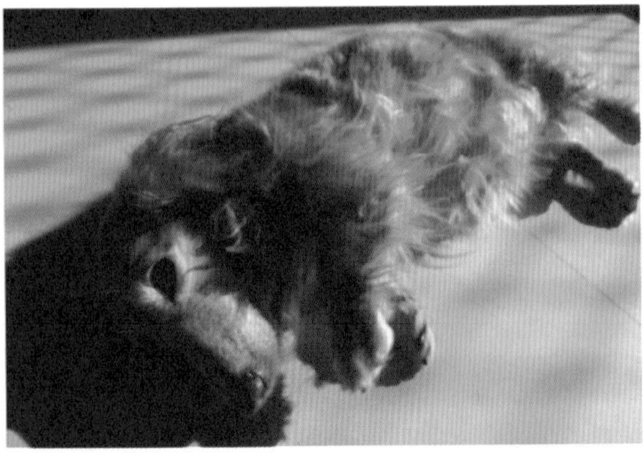

請教獸醫如何觀察老犬的健康狀態，以及需要留意的地方。

讓老犬維持好心情盡情享受生活

良好的生活品質，即是「心」的補給品。老犬依舊喜歡生活上的享受，除了好吃的食物，維護健康的營養品外，動動腦以及社交上的情感交流不可少。老犬需要的項目其實和成犬差不多，只是遊戲的內容或時間長短，需依照個別的身體狀態調整。在牠真的離我們遠去的那天之前，幫牠找回一些生活的期待與喜悅！我會鼓勵主人做的是，經常送禮物給牠，每天都可以送禮物，不需要花一大筆錢，只需要發揮一點創意，允許一點任性，這樣就夠了。

給老犬的禮物書

拿一本不要的書，將每一頁對折塞進頁與頁之間的空隙，將某些頁面直接對角線折起來，有些頁面揉成紙團，同時塞一些小零食在裡面，讓牠使用腦力與體力來找到零食。聞到一個段落，牠站著喘了一下，走去補充水分，再回來繼續活動，過一會兒，將雜誌銜回睡窩，趴著睡著了。我會靜靜看著牠們這麼遊戲，像是年輕了好幾歲一樣。

不用花太多錢，自製老犬喜歡的小禮物。

紙箱與變化材質

散落的紙箱加上地的材質變化也能給牠不同的感受，鋪好兩塊瑜伽墊，在上面散落了幾個紙箱，撒一些零食，讓牠邊走動，在舒適的地面上，減少腳的負荷，在找尋零食的過程，也花了一些時間運動身體。

容許牠開心、對你任性

喜憨兒或庇護工廠的二手市集，有許多絨毛娃娃一個只要十塊二十塊。可以把娃娃偷偷藏一個在狗狗睡覺的墊子旁邊，其他收起來，看牠什麼時候發現。或是拿出三、四個娃娃鋪在地上，讓牠自己挑禮物，如果牠全部都要留下也可以，讓牠擁有一點任性。這些事情簡單得很，不過卻能夠看見牠期待雀躍，收到禮物，眼睛發亮的表情。當然也可以送牠幾件你不會再穿的衣服。那些牠可能會叼到自己床上的衣服，那些牠從你的洗衣籃咬出來躺在上面的衣服，對你而言，不是很大的花費，卻能讓牠開心不已。

找些二手娃娃，讓牠自己挑禮物。

利用紙箱、高度及材質做出環境佈置的變化。

走到廚房的期待感

我希望牠每天都有點期待，如果狗狗還有辦法跟著你走到廚房，那麼在廚房切一點蘋果或鳳梨給牠吃，將一大分切到自己盤子裡，剩下的一些切成小小塊放到牠的碗裡，若擔心水果不合適，可以用狗零食。

增加耐力的找肉肉遊戲

分享我喜歡訓練師安娜莉范（Anne Lill Kvam）的作法，若狗狗健康無礙，你也想增加牠的身體耐力，可依照牠目前的散步時間再搭配一個紓壓的活動，就能增加散步的距離與時間。例如：牠目前出門散步到回家，大概只能走三十分鐘，出發走到公園是二十分鐘，接著回程只花十分鐘就回家。那麼，可以走到公園後，找一個安全不被打擾的地方，給牠玩找肉肉的嗅聞遊戲，難度從五分鐘開始慢慢調整時間，這麼一來，牠的耐力也能漸漸提升。

在散步完以後，可以找個安全的東西陪牠玩遊戲，加強身體耐力。

如果牠還能跟著到廚房，記得給牠一點生活的期待感。

老狗俱樂部──維持特定幾隻狗朋友的友誼

挪威訓練師安娜莉范（Anne Lill Kvam）說，讓狗狗能經常見到自己的朋友是很快樂的。步入老年的狗狗，對於和速度快個性急的年輕狗狗相處時，會感到不自在，不過這不代表牠們不需要感受有同伴這件事，尤其熟悉更令人帶來安心感。讓牠能感受有同伴的快樂，也會是身為主人的我們能為牠做的事。

有些時候不是你的狗不喜歡其他狗，而是你帶牠去的地方遇到的狗總是讓牠不喜歡。帶狗狗去陌生環境探索時，同時也能開發新的地點，更有機會遇到不同的狗狗。當認識了一些新的狗朋友，就可以開始安排固定見面的朋友，選擇取向會以彼此能和平共處和容易碰面的為主。當你發現有些狗狗能符合我們前面提到的理想狗朋友類型時，我鼓勵你和對方留下聯絡方式，日後能時常與對方約一起帶狗散步。

你還能怎麼做呢？約好固定的狗朋友，一起去探索雙方都沒有去過的地點，就像我們找熟悉的朋友一起出國，彼此熟悉能夠信任，然後一起探索新鮮從未遇過的事物。我在進修的時候，與上課的同學成為朋友，我們會不定期帶狗狗一起見面，牠們一群散步的時候，好像某個出道的團體，身體之間很有默契朝著相似的方向探索。在那一天大家還可以準備家裡的娃娃或玩具，在離開的時候交換，每一家的狗都有新的玩具可以玩，還帶著朋友的氣味。

我家狗狗的好朋友是三隻浪浪，牠們在某個地方固定被餵養，因為離家裡不遠，所以，後來認識牠們後，我們經常去找牠們。我的狗糖只要到了附近，尾巴像是裝了電動馬達一般地猛力狂搖，見到朋友地那一刻身體非常彈跳，儘管對方可能才二到三歲，而我的狗當時已經十二歲了，不過，他們彼此依舊很喜歡見到彼此。浪浪並非來要食物吃而已，我們會一起走上一段路，我的狗會跟著浪浪走過的地方去踩踩去看看，接著牠們會一同回到我附近，一起休息。

珍惜屬於這個年紀的智慧與美。

老狗的好朋友。

給老犬主人的小筆記

幫自己貼上note，記得不能讓牠被年輕小狗圍著，牠會不知道從哪裡逃開。牠可能不太想跟其他狗狗互動了，也有可能大多數時候看到老朋友還是很開心，但是就有一兩天牠完全不想理牠們。接受牠這樣吧！

我們還是能為牠們做許多事情，來保有牠們的安全感及維持情緒的穩定，提供足夠的「身」與「心」的保養，讓牠維持在最佳狀態，自然能為日後省下不少麻煩。現在的你，最大的一個功課是幫助狗狗學習與現在的身體相處。順應牠進入老年，我們得依照體力及身體狀態來調整生活，這麼一來，能讓牠依舊擁有好的生活品質，衰老得慢一點，因病痛吃的苦也少一點。一切就是朝養生前進。

我認為老犬的存在，就好像經常地在提醒我們「生」與「活」。很多時候我們只是活著，漸漸對身邊的事情沒有太多感覺，追求某些只佔生活一小部份的快樂，卻忘記有很大部份的美好依舊存在。或許你已經忘記照顧自己很久了，有老犬在身邊能讓我們重新省思照顧自己的方式。在我的狗狗步入老犬後，我也學到很多本來不會做的事情，希望你也能因為「老」而學到一些。

老犬是在提醒我們記得要「生活」。

我們都不想面對的那一天

Facebook 跳出一年前的今天，我的十三歲拉布拉多獵犬 Wren 正在活動場嗅聞找尋我藏好的零食，牠穿過溜滑梯下方，腳踩在階梯的第一格吃到零食，非常快樂。獸醫師告訴我：「十四歲的牠很老了，以牠來說，狗生有一半都在老犬階段。」

我認識 Wren 時，牠已經七歲了，當時我已經擁有牠的溫柔與成熟。而此刻我正扶著牠一步步往前走，牠身上穿的胸背換成了輔助行走的背帶。只是差了一年，牠的靈活度跟肌力掉了很多。這些不是再鼓勵牠一下或拿出更香的零食，牠就能變快。因為事實是牠正在衰老。牠站在原地搖尾巴看著我，這時我才了解，牠回不去原來的身體狀態了。牠仍是可愛的牠，只是搞不清楚為什麼到院子的門檻忽然變高，高到牠需要做點準備才跨過去。

我以前會帶糖、Wren 姊妹花到安全的自然環境鬆開牽繩，陪牠們走走後，我會坐下來。十五至二十分後，糖會走回來在我附近趴下來休息，再過十分鐘，我會見到 Wren 還在遠方某處，一個黑麻麻圓滾滾的身影還在探索，接著小快步到另一個地方去，再過了十分鐘，這顆圓滾滾的黑球出現在我和糖附近看了我一眼，再過了十分鐘，我起身繼續走，糖也跟上。Wren 還能以全新的心情再跟我們一起散步。我以為，牠會永遠這麼青春吧！

在牠離開的前三個月，牠生了一場大病，連站起來走幾公尺都很吃力。當時牠十五歲了，我沒想到這麼快就輪到我要照顧生病的老犬。在這之前，我可是每天帶牠散步，吃得好，關心牠的睡眠品質，提供活化身心的遊戲活動，我們常常到陌生環境探索，每天至少做一次找肉肉的嗅聞遊戲，經常幫牠TTouch，也找了狗狗按摩師定期按摩。

我體會到若能越早開始保養，我想在牠離開後，我的悔恨或許會少一點，也能在心裡放進許多和牠們一起生活的美好記憶。

你準備好跟牠說再見了嗎？我想這永遠都準備不好。

如果，你能決定牠何時離開，你會這麼做嗎？這很兩難，有的人認為生命可貴，一定要努力到最後一刻，讓狗狗知道會為牠盡力到底，讓牠自然離開；也有的人捨不得狗狗的折磨，自己做好心理準備陪牠離開。

當我的兩隻狗都還在的時候，我和先生 Josh 說：「我跟你說，我看很開，牠們終究會離開我們，只要牠們每天都快樂，哪一天身體開始真的很不舒服，醫生也沒辦法減輕牠們的疼痛，我就會讓牠們走。」我的心裡確實是這麼堅信的。

而那一天在這本書寫完以前，我毫無準備的狀況下，就到來了。糖脖子上的惡性腫瘤在四年後復發，短短兩個月裡，牠的脖子越腫越大，牠開始不想跳到高處睡覺，或許是因為跳下來時，腫塊會讓牠肩膀或者腳被壓迫地不舒服。到高處睡覺，可是牠很喜歡的事情，牠會在床上、甚至在我的工作桌上睡著，陪著我用電腦。

牠連續幾天食慾不好，睡得不好，醫生在牠身上貼了止痛貼片，依舊沒有幫助。牠還是躺一下就起身，到處換位子休息，不管我到哪裡，牠都會跟上貼緊我的腳。我知道牠正在承受痛苦，所以我的決定也很快。我考量的是生命的尊嚴以及身體苦痛的標準。聯絡了信任的溝通師，希望他幫我告訴糖，我們準備讓牠離開了。他說，這不需要他來傳遞訊息。只要我們是發自內心地為動物好，牠們就會接受我們的決定。

醫生來到我們家，我親親糖和牠說，「謝謝你。謝謝你十三年的陪伴，我知道自己有你在身邊有多好。我很愛你，我知道你知道。」其他話我哭得自己都聽不清楚了，但我記得把淚擦掉，這樣我才能好好看著牠。糖在家人的陪伴下沉睡，身體慢慢輕鬆，我想，靈魂也輕盈起來了。

我們知道怎麼面對那一天嗎？我只知道我不要牠們被痛苦折磨，但我還沒有心理準備，接受牠們不在我身邊。

每一個人的經驗都是獨一無二，沒人能為另一人決定怎麼做比較好。我不知道你經歷過什麼，但肯定也是銘心刻骨。無論你當時怎麼決定，只要你是發自內心地為狗狗好，我相信牠們都能理解。

我知道，是時候暫時道別了。

Chapter 10

To Be Continued

未完待續……

你準備好要養下一隻狗狗了嗎？

當狗狗離開時，生活好像失去一部分重心，我甚至覺得一部分的自我都跟著牠離開了，花了一點時間回到原本狀態的自己，日子好像開始好過一點，還是會想到牠，想到狗狗時還是會因為太想念了而哭。我們想念因為狗狗在身邊而帶來的生活節奏，那節奏是這麼的和諧，這麼的美好，或許再養一隻吧？這念頭可能很快就出現了！

許多人會在狗狗老了的時候，再為家裡帶來一隻狗狗，期盼為家裡帶來一份新鮮的氣息，也給自己一點準備，當老的離開時，至少還有小的在身邊。這不是我會推薦的作法，如同前面章節所說，老狗要適應新的狗（尤其是年紀輕的狗），會讓牠們承受的壓力增加，對身心都是個負荷，我想，到狗狗老年時，主人要照顧的會有身體衰老的老犬，同時是身心疲乏的自己。是否在這時候為家裡加入一隻新的狗狗，真的要三思。

我總是推薦身邊對狗狗很好的主人，不要讓自己的愛停在天堂的牠，再把愛給下一隻狗吧！因為我相信，你的狗兒也會這麼希望。

「看吧！他是不是很好？！」我覺得天上的牠好像會到我們的家裡，問問現在家裡新來的狗兒，也對牠這麼說。似乎好主人就值得狗狗口耳相傳一樣。我無法說出推薦你養下一隻狗的最好時機點，不過，倒是有幾個忠告。

給你下一隻狗狗的建議

審視自己的狀態

看看自己現在的生活狀態，甚至是接下來三年的工作狀態，雖然計畫趕不上變化，不過，審視自己的狀態，對你在挑選下一隻狗狗時會有所幫助。好比，明年計畫生小孩的你們，可能就不適合新養一隻年輕的幼犬，因為當人類小孩出生時，這隻幼犬仍然也是在不成熟的年紀，同時照顧兩個不成熟的個體是很辛苦的。

你希望牠來到家裡的年紀

大部分人都覺得，若是從小養起的話，可能有許多好處，不過，我的兩隻狗，一隻是從幼犬開始養，一隻是七歲了才到我身邊，兩隻都很好。很多希望從幼犬養起的主人，認為這樣能參與狗狗的一點一滴，不過，通常大部份人好像只期盼幼犬的純真，不惹麻煩，只會傻呼呼地睡覺而已，許多事情與牠在什麼年紀來到你身邊沒有絕對關係，而是跟你如何對待牠們有直接關係。

還記得前面提到的嗎？幼犬也跟人類小孩一樣，對世界充滿好奇，像個小小實驗家，表示我們會遇到很多哭笑不得的事！同時也將面對到幼犬害怕孤單而哭叫不停，大小便頻繁且位置不定，咬遍家裡所有東西，這部份並不是說明幼犬的「缺點」，而是我們必須知道這是牠的成長過程，即便知道這是必經過程，也不代表了解怎樣的處理這些狀況才是比較妥當的。

幼犬是這樣的，腦袋還沒發展到該階段，就無法學習，而且也需要依個別的生長情形來看。我們無法加快牠的狗生，更別提參考所謂的全世界犬種智商排名實驗，因為孩子就是孩子，幼犬都會有的樣子，每隻狗狗都會有。

我們的爸爸媽媽不會抱著不合適的期望，要求我們一出生，就不會哭不用喝奶，自己會去上廁所，最好還能自己煮飯吃，很快找到一個賺錢的工作，照顧自己一生，然而這些需要付出時間與各階段的教育，才能一步步接近你所希望的。因此，面對狗狗也是這樣。

幼幼就是幼幼，別期待牠在這個時期就能幫拿報紙（牠只會咬爛報紙而已）。

若選擇成犬的年紀，在你見到牠時，個性也差不多穩定下來了。我們不能說，你領養了成犬，牠就不會有任何問題，但是成犬的身體生理狀態也較為成熟，能與你一起練習生活模式及習慣，培養生活的默契。

成犬比幼犬好的優點可能有：大小便不像幼犬的膀胱腸胃狀況還未成熟，難以捉摸。腦袋發育較完善，學習力較為持久。專注力長，且耐心較容易培養。生活作息較為穩定，較能配合你的生活習慣。體力有限，因此陪狗狗活動的時間較為輕鬆。因此認養一隻三歲以上的成犬是個很不錯的選擇，五歲也很好。老犬容易乏人問津，或許有一天我們都能提起勇氣，讓自己和牠們擁有短暫幾年最美好的時光。

三到五歲的狗狗，或許是你這個階段的好選擇。

做些關於狗狗本身的功課

犬種當然會是一個很重要的功課，因為牠們的特殊行為可能會讓人特別困擾，例如：狐狸犬對於聲音的使用，住大樓就不太適合，牠們是擅長說話的狗，因此，許多狀況可能都是用吠叫的來面對跟反應。另外，品種部份也可能需要擔心的是遺傳疾病，除了看外表，好好了解特定犬種常見遺傳疾病的發生機率，也能幫助評估。至少真的飼養了，會知道哪些時期需要做哪些檢查。

認養米克斯，可能無法猜想品種，不過，體型的部份就要有心裡準備了，多數台灣的米克斯都會是中型犬以上，當然也有許多是小型犬，不過，我經常遇到主人表示認養狗狗時，以為牠只會長到十公斤的大小，假如狗狗小時候的腳掌就很大了，體型實在很難說。

我自己喜歡中型犬及大型犬，所以這對我不是問題，不過，如果你住在五樓，也沒有電梯的話，就要考慮到當這隻狗狗老了的時候，會需要幫助行動不便的牠上下樓。雖然我們在談的是新養一隻狗，要求你馬上想到十年後的事情，好像太早。不過，多想一點總是好的。

跟著潮流養的狗經常容易出問題。別被「聰明」或「忠心」等字樣給矇騙，這完全不代表狗狗完全配合主人，不會造成麻煩。

如果你想養小型犬，如博美、狐狸犬系，會需要把吠叫問題也考慮進去。

相反的個性

很多人常會希望下一隻狗最好跟第一隻狗一模一樣，抱這不合理的期待，只會讓自己受傷害，也有可能誤了下一隻狗狗的一生。每個生命個體都是獨立的，也是獨一無二的。想像下一隻狗狗，與原本的狗狗是完全相反的個性，或許反而比較好。

我們很難再遇到第二隻跟原本那隻一樣的狗狗，這是當然的。以動物溝通來說，狗狗來到我們身邊都有著自己的功課，也有些功課是要與我們一起做。功課完成，功成身退。因此，來到你身邊的狗狗會是帶著不同的功課而來，再搭配著不同個性。再來，想像牠會是不同個性，這能幫助你做好心裡準備。當牠對環境的反應不像上一隻那樣勇敢，你也能比較快釋懷，跳脫挫折的情緒，早點開始投入幫助牠的練習中。

你目前的生活是什麼狀態？？適合養狗嗎？養什麼樣子的狗比較合適呢？

關於你的下一隻狗狗會是誰？一起期待吧！

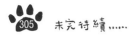

附錄——大哉問

下面是我在教學時，常見問題與情況，提出來與大家分享，如果你有同樣的困擾也許可以參考。

Q：如果狗狗很討厭前面的那個路人或是狗，那我要怎麼教牠喜歡那個路人？

A：很多時候，我們都太急著要牠面對眼前的事情，覺得多看兩次就能克服了。不過，這樣的想法很可能才會帶來更多的問題。其實狗狗在當下沒辦法好好地面對的事情，或許再過幾次牠就可以了。但是由於我們不能接受這次的結果，可能會對狗狗責罰或者使用*洪水法。這麼做通常會讓牠對於這個事件的厭惡感加劇，進而衍生到類似的事情或者更多的未知事情。這也是為何人們經常有一隻什麼都討厭或什麼都怕的狗。

什麼狀況其實離開就好呢？當你遇到瘋子的時候就是這樣，多數的我們在走路的時候，眼前走來了一個人看起來精神狀態不太好、大聲地自言自語，我們通常做的會是保持一點距離默默地離開。鮮少會有人向前與他們爭執吵架。這也是我希望你教給狗狗的，離開吧！

那個人看起來很不友善，他討厭狗，在你們經過時，唸唸有詞，我們就保持一點距離，在心裡告訴狗狗「是的，世界上總是有這樣奇怪的人。」當狗狗遇到一些路人，朝著他們吠叫，通常是感到警戒，企圖把對方趕走，拉遠彼此的距離。通常我們總是等到狗狗對其他人吠叫時，才趕緊把牠帶開，這表示牠「必須叫了」，我們才把距離拉遠。想一下你教了狗狗什麼事？

如果能提早留意到狗狗盯著對方看，身體很快地進入警戒，你可以嘗試在牠盯著一到二秒時，就先提早帶開狗狗。主動把距離拉開，狗狗就不用靠自己吠叫來拉開距離。儘管很多時候路人並沒有真的對狗狗幹嘛，不過，對牠來說，有時候確實會因為某些人的肢體語言或者對當下的情境感到緊張，像是逆光走過來的人，會因為看不清楚模樣，而讓牠開始警戒。

能幫助牠的方式就是提早為狗狗保持好距離，讓牠對環境中的事物擁有足夠的安全感受。隨著安全感的增加，牠感到緊張害怕的事物就會變少，也不需要有任何風吹草動就呈警戒狀態。

我們真正需要的，不是讓你的狗狗喜歡上每一個路人，而是學習與路人和平共處，原則便是不主動起衝突，並提供牠離開的選項。尤其要以狗狗的安全為前題，帶狗狗外出時，發現那個地方很難讓你帶開牠，這個地點就是不適合你們去，即便該次的活動或地點標榜了「歡迎狗狗前來」，也未必表示該活動或地點是符合狗狗需求。

NOTE

洪水法即是讓動物近距離持續接觸牠會害怕的事物，並讓牠無法逃離，藉此減少動物（也包含人）的恐懼。例如：你很害怕蟑螂，把你和許多蟑螂（盡可能讓刺激強烈）關在同一個房間，讓你逃不出來，進而達到「你不再害怕蟑螂」的結果。

Q：我的狗狗是否需要籠內訓練？

A：如果你在下班回家後，發現狗狗咬壞許多東西、到處尿尿、出門散步時，對路人或狗不停吠叫，而提出這個疑問，我會告訴你，這些狀況需要的不是籠內訓練，而是需要提供更多合適的活動及環境豐富化以及社會化練習，讓長時間在家的牠能消磨時間，並且做到每天帶牠出門散步，在前面都有詳細的生活時程規劃及活動可參考。

然而，訓練狗狗待在籠子／外出袋一段時間，是生活中可能會需要的，可能是帶牠坐大眾交通運輸；未來旅行時，給牠一個熟悉的地方休息；或外宿寵物旅館時，有牠熟悉的籠子或外出袋，方便牠適應旅館的生活。狗狗若了解籠子等於休息或睡覺，便能在裡面安心休息。

目前暫時將運輸籠、外出袋、外出提籠作為為睡籠可參照睡窩的做法，要特別注意，若天氣炎熱，牠可能根本不想睡墊子，可選擇在涼爽的季節（如秋天或開冷氣）做練習，在睡籠上方蓋上一塊布增加隱密性，在裡面放一件有你味道的衣服，接著，就等牠自己進去休息了。

若是有門的睡籠，過去有不愉快經驗的狗狗，會很害怕被關起來，請將門暫時拆掉或固定住不會闔上。當牠開始進去休息時，不需要稱讚或丟零食，讓牠好好安靜休息，建立牠對這個睡籠的信任感。過幾天，在牠睡覺時，輕輕靠近慢慢將籠門微微闔上，非鎖上。再過幾個禮拜，當牠能在裡面睡一陣子，再做短時間鎖上。此外，狗狗若因為害怕企圖抓門衝出來，表示這難度太高，更需要慢慢來。籠內訓練在某些情境會有幫助，但絕不是用來解決吠叫、破壞，甚至攻擊等問題。

Q：狗狗討厭我離開，牠是不是有分離焦慮？還是我太寵牠？太黏我了呢？

A：在這邊我們來提出幾個常見的情況：

寵物餐廳——你帶狗狗去牠們能進入的寵物友善餐廳，當你起身去拿菜單或離開去上廁所時，狗狗吠叫不已。當你去上廁所時，越走越遠，離開了牠的視線，而牠可能是被牽繩留在原地或跟著其他朋友一起。

牠感到緊張是非常正常的事情。因此，我們可以從平常提供的活動中，為牠累積自己嘗試的經驗，建立自信，這也能幫助牠的自處。可以先從簡單一點的事情開始，在座位待了一陣子後，使用吐蕊阿嬤手勢，接著緩緩起身後坐下。下一步驟為，使用阿嬤手勢，緩緩起身到隔壁桌去拿一張餐巾紙（在打擾隔壁的前提下），慢慢走回來，不需要給狗狗東西吃或稱讚牠。

在這過程需要慢一點，讓狗狗能夠了解的事情的經過，你不會慌張或快速的移動。或許下一次來餐廳的時候，就可以離開座位到櫃台去拿菜單回來，或者在牠視線看的到的範圍裡，拉遠一點距離，慢慢拉長待在櫃台的時間。進展很好的話，就可以加入人離開到牠看不到的地方，待個五秒回來、十秒、三十秒、一分鐘，慢慢循序漸進。

其實狗狗是能學習這些事情的，只是我們總是不願意從簡單的小步驟開始做起，你花的時間將會有收穫，因為這都是教導狗狗在你離開時，牠不需要為此感到緊張擔心。

出門上班——當你離開家裡要去上班時，狗狗會激動吠叫。或者知道你平常是要去上班，就沒問題，但到了休假日，你要出門時，牠就會又很激動。

這樣的狀況普遍都不是分離焦慮，而是因為狗狗還沒學會在家獨處，有時候是因為剛搬家，所以牠對新家還很陌生，因此，會特別擔心你出門，你可以考慮前面的搬家作法。當然有時候是牠剛來到這個家，最熟悉的是你，對於這個家的安全感也還沒建立起來。

另外，我最常見到狗狗會對分開特別介意的原因，往往是因為主人沒有滿足狗狗的基本需求，例如：散步的時間太少、散步時牠沒辦法好好嗅聞、牠自己在家待的空間，永遠是那幾個玩具，沒有什麼消磨活動等。在這些狀況下，彷彿只有你在家的時候，牠才能開心有生活的樂趣，因此，當然更難接受你出門。因此，佈置生活環境、提供合適的散步、活動樂趣，以及給予時間，或許有時也會需要有寵物保姆或家人的協助陪伴，自然能幫牠開始適應在家獨處。

常見的外出迷思——出門時，不要讓狗狗知道，回到家要忽略狗狗一陣子，這樣就能讓牠不要對主人有太多情感。

這是對「分離焦慮」的誤會。上班出門，會有蠻長一段時間不在家裡，這也是我們每天會有的行程，因此狗狗反而需要學習不用擔心出門上班這件事。當然牠不會喜歡自己被留在家裡，所以更需要我們提供上述的需求滿足後，給予時間讓牠慢慢用自己的步調學習適應。在出門的時候，可以溫和地和狗狗說一下，「我要出門囉！回來的時候，就帶你出去散步，你在家裡可以嗅聞、啃咬，接著好好休息睡覺等我唷！」

回到家後，打開門的那一刻，請蹲下來讓牠好好跟你打招呼，這麼一來，牠就不會撲跳，勾到你的絲襪或褲子，另外，有些狗狗會很興奮地想要銜一個東西在嘴巴裡，所以你看到牠咬著玩具，不用去拿。當牠撲上來時，輕輕扶住讓牠四隻腳好好踩在地上，開心但冷靜地摸摸牠一會兒，牠興奮的情緒自然能緩和下來。

⊶ 一起睡或上沙發——狗狗不能和我們睡在同一個房間或者上沙發，如果都跟我們在一起，就會變得很黏。

你可以將人與狗的健康、安全與生活品質當成標準，在不違背這些原則下，你希望狗狗睡床或沙發上都是沒問題。以我家來說，狗狗睡在我的附近時，我自己反而覺得很安心，有更好的睡眠品質。但如果你非常淺眠，那麼當然不用一定非要一起睡，但請確認狗狗是可以聞的到及看的到你，這對於屬於「*社交睡眠者」的狗狗來說，很重要。

NOTE

社交睡眠者，指的是在睡覺時會與其他同伴 / 家人 / 生物一起或者在附近的動物。你可能會見到有些狗狗睡覺時喜歡與主人有肢體接觸，或者有些狗狗會到你的附近睡覺，但仍然與你保持一點距離。

分離焦慮症指狗狗在某些情境下，會因為人不在身邊產生極大的壓力，讓牠變得焦慮，也可能會因此傷害自己的身體，有些症狀像是發抖、踱步、留口水、無法安心休息、不停哀哭、頻繁啃舔自己的腳，即便已經受傷。通常身心健全的狗狗比較不會發生分離焦慮，若真的遇到這樣的問題時，請考慮：

- 健康是否出問題，讓牠感到特別不舒服。
- 偶發事件，像是走失找回來，經歷強烈刺激。
- 在敏感脆弱的時間，像是恐懼期又剛好轉換環境或家裡驟變，例如另一隻一起生活的狗狗過世。
- 長期累積下來的問題，讓牠自信不足，在必須獨處時，猶如獨自面對巨大的恐懼。

在狗狗的生活中安排合適的紓壓活動及遊戲，讓牠從中練習拿捏／掌握，得到應付處理生活事件的經驗與能力，建立自信，當牠自己有足夠的安全感時，就不會容易覺得害怕。

Q：為什麼訓練師在的時候，狗狗特別乖？

A：我經常聽到學生這麼說，坦白說，我不知道真正的答案是什麼，不過我推斷了幾個可能的狀況，或許能對你面對這些狀況時有幫助。

上課的時候，主人通常「很有意識」意識到自己正在做什麼，留意到接下來我們要處理的是什麼事情，要怎麼預防，或者最基本的，事情發生的強度會是怎麼樣的。不過，當只有自己和狗狗一起的時候，因為我們自己也還沒把一切養成習慣，所以會忘記自己要注意一些事情，因此，在毫無心理與實際準備下，發生的事情更讓我們措手不及，也更難以接受。

每次上課就是一小時 在這一個小時裡狗狗也很難壞到哪裡去，這又要講回來，或許下課後的第一個小時內，牠果然又搗蛋了，但接著其實又乖了好幾個小時。其實仔細算算，狗狗一天搗蛋的時間也可能只有幾次，例如在二十四小時內，牠不過花了幾十秒找到一隻襪子，與你僵持了一兩分鐘。

事情本來就沒有這麼嚴重。會這麼說是因為，我們常會記住最糟的那次，或許還合併了其他事情帶來的情緒，例如我就在忙了，牠還咬出了一包零食全部都吃掉。但真的嗎？事情真的很糟嗎？

上課的時候，我們提供指導與合適的活動給狗狗，所以牠能好好享受活動（或散步）帶來的樂趣，自然能放輕鬆，讓自己躺下來休息。

其實我的用意不在告訴你，到底為什麼狗狗會在訓練師上課時特別乖？而是我希望你能知道，如果你很想改變一些狀況時，你需要這麼做。

別將所有的困擾都看成嚴重的事情，二十四小時裡，或許你真的被他的吠叫困擾的秒數加起來連五分鐘都不到。（當然若是牽涉到你以外的人，例如被投訴，你就得認真看待。）

意識到自己當下的行為與狗狗所做的事可能很有關係，你可以請朋友幫忙錄一次從家裡出發散步的路上，你是如何牽狗狗的，或許你會發現有幾次其實都是你在低頭看手機，所以明明路邊那幾個裝著餿水的垃圾袋可以避掉，卻因此沒避掉。

試著看見狗狗在一個小時，兩個小時或者半天的「好表現」。我經常跟主人說：「這樣就可以了，牠已經很好了。」或許相較於一個月前的牠，現在的牠又再次遇到世仇（就是公園裡那隻跟你的狗總是不對盤的狗），牠只罵了三到四聲，就願意跟你離開了。

請主動先為狗狗提供身心愉悅的活動，牠們需要的是，「使用腦袋」多過於單純的「消耗體力」，你可以增加嗅覺遊戲的難度，從範圍、地點、佈置上改變，也可以帶牠到不同的地點散步，花多一點時間讓牠走走聞聞及伸展身體。身心平衡後，牠自然可以比較容易進入休息的階段。

Postscript·寫在後面──我跟狗狗一起學習好好過日子。

在狗狗與主人的日常生活中容易遇到衝突，有許多來自於人們對狗狗的不了解，同時間也有我們自己的生活問題需要解決，這些加起來的總和就形成了很多問題，然而，將一切的問題都歸咎在狗狗身上，似乎比較容易，也因此我們並沒有了解自己才需要負起最大的責任。

仔細想想，我們可是掌控了另一個個體的許多事情，為牠決定一切，從進食的內容到外出的時間，想要給牠什麼，不想要給什麼，一切的掌控權都在於人。因此，我們才是那一個能夠決定及改變的角色，也因此具備了相當的責任。若你期望與狗狗生活融洽輕鬆，這絕對是一個很有力的因素。

身為一名狗狗的訓練師，我的工作是協助主人與狗狗的生活問題解決，這樣的工作除了從學習原理開始，知道如何透過訓練來改變狗狗的行為，更大的部份是在訓練主人，上完課的時候，我最常聽到主人說的一句話是，「原來上課的是我，不是狗狗。」這句話千真萬確，因為在訓練狗狗的行為時，有太多太多是主人需要先學習並且改變的。

除了訓練師的身份外，我也同時是一個主人，在我的生活裡同樣有狗兒陪伴，因此我希望的是，讓你知道在三百六十五天裡，我是怎麼跟狗狗如何相處，如何一起生活。到了三千六百五十天時，我和我的狗狗的生活又是怎麼樣的。狗狗在我身邊的五千多個日子，我們並未每一天都是你想像中的訓練，沒有這麼多規矩，但是我們每一天都是擁有彼此的好好生活著。

我想教你的不是訓練，而是如何跟狗狗好好的過日子。

快樂狗兒生活訓練學

（暢銷新版）

作者	林明勤 Ming
責任編輯	莊玉琳
封面／內頁設計	任宥騰
插畫 & 攝影	Nabis
行銷企劃	辛政遠、楊惠潔
總編輯	姚蜀芸
副社長	黃錫鉉
總經理	吳濱伶
執行長	何飛鵬
出版	創意市集
發行	城邦文化事業股份有限公司 歡迎光臨城邦讀書花園 網址：www.cite.com.tw

香港發行所	城邦（香港）出版集團有限公司 香港灣仔駱克道 193 號東超商業中心 1 樓 電話：(852) 25086231 傳真：(852) 25789337 E-mail：hkcite@biznetvigator.com
馬新發行所	城邦（馬新）出版集團 Cite (M) Sdn Bhd 41, Jalan Radin Anum, Bandar Baru Sri Petaling, 57000 Kuala Lumpur, Malaysia. 電話：(603) 90578822 傳真：(603) 90576622 E-mail：cite@cite.com.my
客戶服務中心	地址：10483 台北市中山區民生東路二段 141 號 B1 服務電話：（02）2500-7718、（02）2500-7719 服務時間：週一至週五 9：30 ～ 18：00 24 小時傳真專線：（02）2500-1990 ～ 3 E-mail：service@readingclub.com.tw
ISBN	978-986-0769-63-0
書號	2APV41X
版次	2023 年 9 月　二版 2 刷
定價	450 元
製版／印刷	凱林彩印股份有限公司

國家圖書館出版品預行編目 (CIP) 資料

快樂狗兒生活訓練學：跟著專業訓練師這樣教！輕鬆解決人狗常見衝突、增進信任關係，一起過好每一天【暢銷新版】／林明勤 著
創意市集出版：英屬蓋曼群島商家庭傳媒股份有限公司城邦分公司發行　2021.12
── 初版 ── 臺北市 ── 面；公分
ISBN 978-986-0769-63-0(平裝)
1. 犬訓練 2. 寵物飼養 3. 動物心理學

437.354　110020525